BERICHTE ÜBER DIE VERHANDLUNGEN DER SÄCHSISCHEN
AKADEMIE DER WISSENSCHAFTEN ZU LEIPZIG

Mathematisch-naturwissenschaftliche Klasse
Band 102 · Heft 5

ROLF KLÖTZLER

BEITRÄGE ZUR THEORIE MEHRDIMENSIONALER VARIATIONSPROBLEME MIT GEKNICKTEN EXTREMALEN

AKADEMIE-VERLAG · BERLIN
1958

Vorgelegt durch Hrn. Hölder in der Sitzung vom 6. Mai 1957
Manuskript eingeliefert am 6. Mai 1957
Druckfertig erklärt am 3. Dezember 1957

Erschienen im Akademie-Verlag GmbH, Berlin W 8, Mohrenstraße 39

Lizenz-Nr. 202 • 100/550/57
Gesamtherstellung: VEB Druckerei „Thomas Müntzer" Bad Langensalza
Bestell- und Verlagsnummer: 2027/102/5
Preis: DM 4,30
Printed in Germany

INHALTSVERZEICHNIS

Einleitung 5

§ 1 Die notwendigen verallgemeinerten ERDMANNschen Knickbedingungen 7

§ 2 Die zweite Variation eines Problems mit geknickten Extremalen . . 11

§ 3 Spezielle gekoppelte Randwertprobleme bei gewöhnlichen Differentialgleichungen zweiter Ordnung 29

§ 4 Erweiterung der Untersuchungen auf spezielle gekoppelte Randwertprobleme bei linearen partiellen elliptischen Differentialgleichungen zweiter Ordnung 29

§ 5 Die Übertragung einer LICHTENSTEINschen Methode auf gekoppelte Randwertprobleme 48

§ 6 Die Anwendung der Theorie gekoppelter Randwertprobleme auf Variationsprobleme mit geknickten Extremalen 59

Einleitung

Seit den grundlegenden Untersuchungen regulärer Variationsprobleme einfacher Integrale bei geknickten Extremalen in der Ebene durch CARATHÉODORY[1]) sind eine ganze Reihe von Arbeiten zu dem gleichen Gegenstand von verschiedenen Autoren veröffentlicht worden[2]). Dabei handelt es sich zu einem großen Teil um Verallgemeinerungen der obigen Probleme auf geknickte Extremalkurven im n-dimensionalen Raum. Aber auch bei mehrfachen Integralen wurde die Theorie diskontinuierlicher Lösungen in Angriff genommen. Hier seien besonders die Untersuchungen von KOBB [25] genannt, in denen schon im Jahre 1892 eine Verallgemeinerung der WEIERSTRASS-ERDMANNschen Knickbedingungen bei Doppelintegralen gegeben wurde. Für n-fache Integrale in inhomogener Darstellung des Variationsproblems findet man aber erst 1931 in der Dissertation von J. E. POWELL [36] die endgültige Verallgemeinerung der notwendigen Knickbedingungen vor. Neuerdings teilte mir Herr W. VELTE schriftlich eine sehr elegante Ableitung dieser notwendigen Knickbedingungen (in inhomogener Darstellung) mit, welche sich auf die Untersuchungsmethoden von BOERNER [5] begründet. H. BOERNER gab daneben in [4] eine hinreichende Knickbedingung an, die es gestattet, die WEIERSTRASSsche Theorie auch auf geknickte Extremalen mehrfacher Integrale auszudehnen. — Bei allen diesen genannten Arbeiten haben wir, rein gebietsmäßig betrachtet, fast durchweg Untersuchungen im Kleinen vorliegen — abgesehen von Betrachtungen über geknickte Extremal*kurven*, wo schon von CARATHÉODORY eine Theorie der konjugierten Punkte aufgestellt wurde.

---

[1]) Vgl. [8] und [9].

[2]) Vgl. insbesondere [18], wo sich ausführliche Literaturangaben zu den Problemen der vorliegenden Art befinden.

In der vorliegenden Arbeit, die sich zum Ziel setzt, eine Theorie der Variationsprobleme mit geknickten Extremalen im Großen aufzubauen, konnte freilich besonders im Hinblick auf mehrfache Integrale die Theorie der konjugierten Punkte nicht zu Verallgemeinerungen herangezogen werden. Aus diesem Grunde wurde hier auf die Untersuchungsmethoden von LICHTENSTEIN zurückgegriffen (vgl. [28], [30] und [31]), die später von H. BOERNER und E. HÖLDER in [3] bzw. [21] in verschiedenen Richtungen verallgemeinert wurden, in denen die Theorie der zweiten Variation für durchweg glatte Extremalen mit den Betrachtungen gewisser Randwertprobleme zur „JACOBIschen Differentialgleichung" eng verknüpft ist. Der unterschiedliche Charakter der zweiten Variation bei unserem Problem mit geknickten Extremalen gegenüber den entsprechenden Betrachtungen von LICHTENSTEIN führt uns zwangsläufig auf andersgeartete Randwertprobleme, auf sog. „gekoppelte Randwertprobleme". Deshalb geht in der vorliegenden Arbeit den eigentlichen Untersuchungen über unser Variationsproblem ein näheres Studium dieser „gekoppelten Randwertprobleme" voraus, das in der Aufstellung gewisser Entwicklungssätze — parallel zu der Abhandlung [31] von LICHTENSTEIN — seinen Abschluß findet. Typisch ist hierbei das Auftreten eines zusätzlichen Parameters c in der Kopplungbedingung, der insbesondere eine Abhängigkeit der Eigenwerte λ_j des gekoppelten Randwertproblems von c bedingt. Wir erhalten damit das Ergebnis, daß unter gewissen Voraussetzungen an die Berandung des Grundgebiets zur Ausgangsextremalen $\hat{E}$ hinreichend für die Existenz eines schwachen Minimums die Bedingung $\lambda_1(c) > 1$ (für irgendeinen festen Wert des Parameters $c \neq 0$) ist, wobei $\lambda_1(c)$ den kleinsten positiven Eigenwert unseres gekoppelten Randwertproblems zum Parameter c darstellt. Notwendig für die Existenz eines schwachen Minimums ist andererseits die Bedingung: $\lambda_1(c) \geqq 1$ für alle Parameterwerte $c \neq 0$.

§ 1

Die notwendigen verallgemeinerten ERDMANNschen Knickbedingungen

In dem rechtwinkligen Koordinatensystem der x_i $(i = 1, \ldots, n)$ im R_n sei eine geschlossene, sich nicht selbst berührende bzw. durchsetzende und unverknotete $(\mu - 1)$-dimensionale Fläche $\mathfrak{R}$ vorgegeben (mit $\mu < n$), welche stückweise stetige Normalen besitzt. $\mathfrak{R}$ liege dabei innerhalb eines einfach zusammenhängenden, beschränkten n-dimensionalen Gebietes T von R_n.

Wir betrachten in diesem Gebiete T beliebige μ-dimensionale Flächen $\mathfrak{F}$ der Klasse D_1[1]), welche keine mehrfachen Punkte besitzen und $\mathfrak{R}$ als Berandung haben. Ihre analytische Darstellung sei gegeben in der Form

$$(1) \qquad x_i = x_i(u_\alpha),\ \alpha = 1, \ldots, \mu \text{ mit } \mu < n \ (i = 1, \ldots n)$$

und der Bedingung: $\left(\frac{\partial x_i}{\partial u_\alpha}\right)$ habe stets den Rang μ, so daß die u_α als μ voneinander unabhängige Parameter auftreten.

Dann lautet unser Variationsproblem

$$(2) \qquad \mathfrak{J} = \int_{\hat{\mathfrak{B}}} \Phi\,(x_i, x_{i\,u_\alpha})\, du_1 \ldots du_\mu$$

für alle zulässigen Funktionen (1) zu einem Minimum zu machen. $\hat{\mathfrak{B}}$ ist dabei der Grundbereich der u_α bezüglich der Flächen $\mathfrak{F}$ und $x_{i\,u_\alpha} = \frac{\partial x_i}{\partial u_\alpha}$. $\Phi(x_i, x_{i\,u_\alpha})$ sei eine in allen Argumenten regulär-analytische Funktion innerhalb von T. Wegen der vorauszusetzenden Invarianz von (2) gegenüber Parametertransformation erfüllt sie weiterhin die Bedingung:

$$(3) \left\{ \begin{aligned} & \Phi(x_i, x_{i\,u_\alpha}) \equiv F(x_i, p_{(i)}) \\ \text{mit}\quad & F(x_i, k\, p_{(i)}) = k \cdot F(x_i, p_{(i)}),\ k > 0 \\ & p_{(i)} \equiv p_{(i_1 \ldots i_\mu)} = \frac{\partial(x_{i_1} \ldots x_{i_\mu})}{\partial(u_1 \ldots u_\mu)}\ ,\ i_1 < i_2 < \cdots < i_\mu \end{aligned} \right.$$

[1]) Vgl. z. B. [7] S. 664.

und beliebiger Wahl der $i_1, i_2, \ldots, i_\mu$ aus der Menge aller natürlichen Zahlen von 1 bis n.

$F(x_i, p_{(i)})$ ist damit eine Funktion der $n + \binom{n}{\mu}$ Variablen $x_i, p_{(i)}$, die wegen ihrer positiven Homogenität erster Ordnung bezüglich der $p_{(i)}$ die Relationen erfüllt:

$$(4)\quad F(x_j, p_{(j)}) = F_{p_{(i)}}(x_j, p_{(j)})\, p_{(i)}, \quad F_{p_{(j)} p_{(k)}}(x_i, p_{(i)})\, p_{(k)} = 0 .$$

Dabei ist zu beachten, daß die $p_{(i)}$ nicht voneinander unabhängig sind, sondern gewissen Relationen genügen, die z. B. in [1] angegeben werden.

Wir nehmen an, es existiere eine Extremale $\hat{E}$ unseres Variationsproblems (2), die durch $x_i = \hat{x}_i(u_\alpha)$ $(i = 1, 2, \ldots, n;\ \alpha = 1, \ldots, \mu)$ dargestellt werde, welche aus 2 Teilbereichen E und $\bar{E}$ der Klasse C_2 besteht, jedoch auf deren gemeinsamem Berandungsstück $\mathfrak{C}$ eine Sprungstelle der Flächenelemente $p_{(i)}$, d. h., einen „Knick", besitzt. $\mathfrak{C}$ sei von der Klasse C_1; wegen (1) gilt daneben für die GRASSMANNschen Koordinaten $p_{(i)}$ unserer Extremalenstücke E und $\bar{E}$ in allen ihren Punkten die Bedingung:

$$(5)\qquad p_{(i)}\, p_{(i)} \neq 0 .$$

Ohne Einschränkung unseres Problems können wir wegen (3) den Grundbereich $\hat{\mathfrak{B}}$ in den u_α von vornherein so wählen, daß die Projektion $\mathfrak{C}_0$ von $\mathfrak{C}$ in den u_α-Raum durch $u_1 = 0$ gegeben wird. Außerdem wählen wir für E und $\bar{E}$ die u_1-Parameterlinien (d. h. $u_2 = \text{const}, \ldots, u_\mu = \text{const}$), also die Vektoren $\left(\frac{\partial \hat{x}_i}{\partial u_1}\right)_{u_1=0}$ orthogonal zu $\mathfrak{C}$.

Ist nun durch $x_i = x_i(u_\alpha, \varepsilon)$ für hinreichend kleines $|\varepsilon| > 0$ eine bezüglich ε stetig differenzierbare beliebige Schar[1]) von Vergleichsflächen $\mathfrak{F}_\varepsilon$ desselben analytischen Charakters wie $\hat{E}$ gegeben, die die gleiche Berandung haben wie $\hat{E}$ und für welche $\mathfrak{F}_0 = \hat{E}$ ist, so drückt sich der Extremalcharakter von $\hat{E}$ bezüg-

[1]) Von der wir noch voraussetzen wollen, daß für $\varepsilon = 0$ $\frac{\partial^2 x_i}{\partial u_\alpha\, \partial \varepsilon} = \frac{\partial^2 x_i}{\partial \varepsilon\, \partial u_\alpha}$ ist.

lich (2) durch die Bedingung aus

$$\left.\frac{\partial\mathfrak{J}(\varepsilon)}{\partial\varepsilon}\right|_{\varepsilon=0} = \delta\mathfrak{J} = 0\,.$$

Also gilt nach bekannter Umformung mit der Einführung der Bezeichnung $\left.\frac{\partial x_i(u_\alpha,\varepsilon)}{\partial\varepsilon}\right|_{\varepsilon=0} = \delta x_i$ die Bedingung

$$(6)\qquad \delta\mathfrak{J} = \int\limits_{\mathfrak{B}}\left\{\left[\frac{\partial\Phi(\hat{x}_i,\hat{x}_{i\,u_\alpha})}{\partial x_j} - \frac{\partial\Phi_{x_{j\,u_\alpha}}}{\partial u_\alpha}\right]\cdot\delta x_j + \frac{\partial(\Phi_{x_{j\,u_\alpha}}\cdot\delta x_j)}{\partial u_\alpha}\right\}du_1\ldots du_\mu$$
$$+ \int\limits_{\overline{\mathfrak{B}}}\left\{\left[\frac{\partial\Phi(\hat{x}_i,\hat{x}_{i\,u_\alpha})}{\partial x_j} - \frac{\partial\Phi_{x_{j u_\alpha}}}{\partial u_\alpha}\right]\delta x_j + \frac{\partial(\Phi_{x_{j u_\alpha}}\cdot\delta x_j)}{\partial u_\alpha}\right\}du_1\ldots du_\mu = 0,$$

wobei $\mathfrak{B}$ die Projektion von E, $\overline{\mathfrak{B}}$ die Projektion von $\overline{E}$ in den u_α-Raum darstellen, so daß $\mathfrak{B} + \overline{\mathfrak{B}} = \hat{\mathfrak{B}}$ ist. Beachten wir unter Berücksichtigung von (3), daß

$$\Phi_{x_{j\,u_\alpha}} = F_{p_{(i)}}\frac{\partial p_{(i)}}{\partial x_{j\,u_\alpha}}$$

für alle $p_{(i)}$, die der Bed. (3) genügen, sowie

$$\frac{\partial p_{(i)}}{\partial x_{j\,u_\alpha}}\,\delta x_j = \left.\frac{\partial(x_{i_1},\ldots,x_{i_\mu})}{\partial(u_1\ldots u_{\alpha-1},\varepsilon,u_{\alpha+1}\ldots u_\mu)}\right|_{\varepsilon=0}$$

und das notwendige Bestehen der LAGRANGE-Gleichungen für alle Punkte von E und $\overline{E}$, d. h. die Bedingung

$$(7)\qquad \frac{\partial\Phi_{x_{j\,u_\alpha}}}{\partial u_\alpha} - \Phi_{x_j} = 0;\quad j = 1,\ldots,n$$

(summiert über $\alpha = 1,\ldots\mu$)

so folgt aus (6)

$$\int\limits_{\mathfrak{B}+\overline{\mathfrak{B}}}\frac{\partial\left[F_{p_{(i)}}\cdot\left.\frac{\partial(x_{i_1},\ldots x_{i_\mu})}{\partial(u_1,\ldots,u_{\alpha-1},\varepsilon,u_{\alpha+1},\ldots,u_\mu)}\right|_{\varepsilon=0}\right]}{\partial u_\alpha}du_1\ldots du_\mu = 0\,.$$

Beachten wir, daß $\delta x_j = 0$ für alle Punkte von $\mathfrak{R}$ ist, so erhalten wir unmittelbar aus der letzten Relation unter Anwendung des STOKESschen Satzes und unter Berücksichtigung des entgegengesetzten Umlaufsinnes der Berandung $\mathfrak{C}$ bzgl. $\mathfrak{B}$ und $\overline{\mathfrak{B}}$ die Gleichung

$$(8) \qquad \int\limits_{\mathfrak{C}_0} [F_{p_{(i)}} - \overline{F}_{p_{(i)}}] \cdot \frac{\partial(x_{i_1}, \ldots, x_{i_\mu})}{\partial(\varepsilon, u_2, \ldots, u_\mu)} du_2 \ldots du_\mu = 0;$$

denn $\mathfrak{C}_0$ war ja durch $u_1 = 0$ charakterisiert.

Dabei verstehen wir unter

$$F_{p_{(i)}} = F_{p_{(i)}}(x_j, p_{(j)}) \quad \text{mit} \quad x_j \subset \mathfrak{C},\ p_{(j)} \ \text{bzgl.}\ E$$
$$\overline{F}_{p_{(i)}} = F_{p_{(i)}}(x_j, \overline{p}_{(j)}) \quad \text{mit} \quad x_j \subset \mathfrak{C},\ \overline{p}_{(j)} \ \text{bzgl.}\ \overline{E}\,.$$

Wegen der Willkürlichkeit der δx_j für $j = 1, \ldots, n$ muß notwendig (8) identisch in den δx_j erfüllt sein. Nun ist in der Funktionaldeterminante

$$\left.\frac{\partial(x_{i_1}, \ldots x_{i_\mu})}{\partial(\varepsilon, u_2, \ldots, u_\mu)}\right|_{\mathfrak{C}_0}$$

der Koeffizient von δx_j, wir nennen ihn $A_{(i)j}$, gegeben durch

$$(9) \qquad \left.\frac{\partial p_{(i)}}{\partial x_{j u_1}}\right|_{\mathfrak{C}_0} = \left.\frac{\partial \overline{p}_{(i)}}{\partial \overline{x}_{j u_1}}\right|_{\mathfrak{C}_0} \quad \text{für } (i) = (i_1, \ldots, i_\mu)$$

mit $x_{j u_1}$ bezogen auf E, $\overline{x}_{j u_1}$ bezogen auf $\overline{E}$.

Man beachte besonders, daß die $A_{(i)j}$ lediglich von der speziellen Gestalt des Knickes $\mathfrak{C}$ abhängen, da sie Richtungskoordinaten von $\mathfrak{C}$ darstellen.

Der Vektor $(x_{j u_1})$ ist, abgesehen von einem nicht verschwindenden Faktor, bezüglich $\mathfrak{B}$ gerade der die Fläche E tangierende Normalenvektor (n_j) im entsprechenden Punkte (x_j) von $\mathfrak{C}$; analog dazu ist $(\overline{x}_{j u_1})$ bezogen auf $\overline{\mathfrak{B}}$ der die Fläche $\overline{E}$ tangierende Normalenvektor $(\overline{n}_j)$ zu $\mathfrak{C}$ im Punkte (x_j). Damit erhalten wir aber in abgekürzter symbolischer Schreibweise aus (8) und (9) sofort die Aussage:

Besitzt die Extremale $\hat{E}$ längs $\mathfrak{C}$ einen Knick, so müssen auf $\mathfrak{C}$ notwendig die folgenden n Relationen erfüllt sein:

$$(10)\quad \begin{cases} [F_{p_{(i)}} - \overline{F}_{p_{(i)}}] \dfrac{\partial p_{(i)}}{\partial n_j} = 0 \\ \text{bzw.} \\ [F_{p_{(i)}} - \overline{F}_{p_{(i)}}] \dfrac{\partial \overline{p}_{(i)}}{\partial \overline{n}_j} = 0 \quad \text{für } j = 1, \ldots, n \end{cases}$$

wo (n_j) bzw. $(\overline{n}_j)$ die Normalenvektoren zu $\mathfrak{C}$ in jedem Punkte von $\mathfrak{C}$ tangential zu E bzw. $\overline{E}$ sind.

Aus der Eigenschaft der $p_{(i)}$ (siehe (3)!) kann man sehr leicht ersehen, daß die Bedingung (10) unabhängig von der speziellen Wahl des Parametersystems (u_α) ist.

(10) stellt damit die Verallgemeinerung der Erdmannschen Knickbedingungen dar, die ja im Falle $\mu = 1$ die bekannte Form haben:

$$F_{p_{(i)}} - \overline{F}_{p_{(i)}} = 0 .$$

Für $\mu \geqq 2$ wird sich freilich die Bedingung (10) im allgemeinen nicht auf die einfache Gestalt des Falles $\mu = 1$ reduzieren. Man kann diese Bedingung $F_{p_{(i)}} = \overline{F}_{p_{(i)}}$ lediglich als eine hinreichende Knickbedingung ansprechen; und als solche wurde sie, zwar in inhomogener Darstellung, von Boerner 1935 bereits in [4] gegeben.

§ 2

Die zweite Variation eines Problems mit geknickten Extremalen

Bei den nachfolgenden Untersuchungen beschränken wir uns auf das Variationsproblem (2) für den Fall $\mu = n - 1$.

Die in § 1 charakterisierte geknickte Extremale $\hat{E}$ mit dem Knick $\mathfrak{C}$ erfülle hier die Bedingung (10). Beide Teilbereiche E und $\overline{E}$ von $\hat{E}$, die von der Klasse C_2 sind, seien dargestellt durch die Funktionen $x_i = x_i(u_\alpha)$ bzw. $x_i = \bar{x}_i(u_\alpha)$ $(i = 1, \ldots, n;$ $\alpha = 1, \ldots, (n-1))$; hierbei fordern wir aber nicht unbedingt die auf Seite 8 benutzte spezielle Gestalt des Parametersystems der u_α. Über $\mathfrak{C}$ machen wir dieselben Voraussetzungen wie in § 1, ebenso über die Berandung $\mathfrak{R}$, die wir aufspalten in $\mathfrak{S}$ und $\bar{\mathfrak{S}}$; E wird dann berandet von $\mathfrak{S}$ und $\mathfrak{C}$, $\bar{E}$ von $\bar{\mathfrak{S}}$ und $\mathfrak{C}$[1]).

Die Funktionen $x_i(u_\alpha)$ bzw. $\bar{x}_i(u_\alpha)$ genügen dann notwendig den LAGRANGEschen Differentialgleichungen:

$$\frac{\partial \Phi_{x_{i u_\alpha}}}{\partial u_\alpha} - \Phi_{x_i} = 0 \qquad i = 1, \ldots, n, \tag{11}$$

wobei über die doppelt auftretenden Indices α $(\alpha = 1, \ldots, (n-1))$ die Summation auszuführen ist. Die Projektionen von E und $\bar{E}$ in den (u_α)-Raum nennen wir $\mathfrak{B}$ und $\bar{\mathfrak{B}}$, die Projektionen von $\mathfrak{C}$, $\mathfrak{S}$ und $\bar{\mathfrak{S}}$ bezeichnen wir mit $\mathfrak{C}_0$, $\mathfrak{S}_0$ und $\bar{\mathfrak{S}}_0$. Die Richtungsgrößen von $\hat{E}$ geben wir dann mit

$$p_i = (-1)^{i+1} \frac{\partial(\hat{x}_1, \ldots, \hat{x}_{i-1}, \hat{x}_{i+1} \ldots, \hat{x}_n)}{\partial(u_1, \ldots, u_{n-1})} \tag{12}$$
$$i = 1, \ldots, n, \quad \alpha = 1, \ldots, (n-1)$$

an. Die Wahl der u_α sei weiterhin noch so getroffen, daß für alle Punkte von E bzw. $\bar{E}$ gilt:

$$p_i\, p_i = 1\,. \tag{12'}$$

Durch $x_i = x_i(u_\alpha, \varepsilon)$ für $(u_\alpha) \subset \mathfrak{B}$ und $x_i = \bar{x}_i(u_\alpha, \varepsilon)$ für $(u_\alpha) \subset \bar{\mathfrak{B}}$ mit $x_i(u_\alpha, \varepsilon) = \bar{x}_i(u_\alpha, \varepsilon)$, $(u_\alpha) \subset \mathfrak{C}_0$ sei analog zu den Betrachtungen von Seite 8 für hinreichend kleines $|\varepsilon|$ eine Schar von Vergleichsflächen $\mathfrak{F}_\varepsilon$ gegeben, von denen wir aber verlangen, daß sie, abgesehen von den Punkten auf $\mathfrak{C}_0$, glatt und stückweise stetig gekrümmt sind! Weiterhin fordern wir: die Ableitungen

$$\left.\frac{\partial^2 x_i}{\partial u_\alpha\, \partial \varepsilon}\right|_{\varepsilon=0}, \quad \left.\frac{\partial^3 x_i}{\partial u_\alpha\, \partial u_\beta\, \partial \varepsilon}\right|_{\varepsilon=0}, \quad \left.\frac{\partial^3 x_i}{\partial u_\alpha\, \partial \varepsilon^2}\right|_{\varepsilon=0} \quad \alpha, \beta = 1, \ldots, (n-1)$$

[1]) Dabei ist durchaus zugelassen, daß $\mathfrak{C}$ in sich geschlossen ist, so daß $\bar{E}$ ausschließlich von $\mathfrak{C}$ berandet wird, E als zweifach zusammenhängendes Flächenstück dagegen von $\mathfrak{R} \equiv \mathfrak{S}$ und $\mathfrak{C}$.

existieren, sind stetig und bezüglich der Reihenfolge der Differentiation vertauschbar; entsprechendes gelte für die überstrichenen Größen.

Die Flächen $\mathfrak{F}_\varepsilon$ sollen die gleiche Berandung $\mathfrak{R}$ wie $\hat{E}$ haben, und für $\varepsilon = 0$ sei $\mathfrak{F}_0 \equiv \hat{E}$.

Setzen wir an dieser Stelle

$$(13)\qquad \frac{\partial x_i(u_\alpha, \varepsilon)}{\partial \varepsilon}\Big|_{\varepsilon=0} = \zeta_i(u_\alpha), \quad \frac{\partial \bar{x}_i(u_\alpha, \varepsilon)}{\partial \varepsilon}\Big|_{\varepsilon=0} = \bar{\zeta}_i(u_\alpha),$$

so gilt auf Grund der obigen Forderungen an die Vergleichsflächen $\mathfrak{F}_\varepsilon$ auf $\mathfrak{C}_0$

$$(13')\qquad \zeta_i(u_\alpha) = \bar{\zeta}_i(u_\alpha) \qquad \text{für } i = 1, \ldots, n;\ (u_\alpha) \subset \mathfrak{C}_0.$$

Mit der Bezeichnung

$$\frac{\partial \mathfrak{J}(\varepsilon)}{\partial \varepsilon}\Big|_{\varepsilon=0} = \delta\mathfrak{J} \quad \text{und} \quad \frac{\partial^2 \mathfrak{J}}{\partial \varepsilon^2}\Big|_{\varepsilon=0} = \delta^2\mathfrak{J}$$

folgt damit aus (2)

$$(14)\qquad \delta^2\mathfrak{J} = \int_{\mathfrak{B}} \delta^2\Phi\, du_1 \ldots du_{n-1} + \int_{\bar{\mathfrak{B}}} \delta^2\bar{\Phi}\, du_1 \ldots du_{n-1}$$

wobei

$$(15)\qquad \delta^2\Phi = \Phi_{x_i x_j}\,\zeta_i\,\zeta_j + 2\,\Phi_{x_i x_{j u_\alpha}}\,\zeta_i\,\zeta_{j u_\alpha} + \Phi_{x_{i u_\alpha} x_{j u_\beta}}\,\zeta_{i u_\alpha}\,\zeta_{j u_\beta}$$

ist.

Ein für allemal legen wir hierbei fest, daß die unüberstrichenen Größen auf alle (u_α) von $\mathfrak{B}$, die überstrichenen dagegen auf alle (u_α) von $\bar{\mathfrak{B}}$ zu beziehen sind. Die entsprechenden Argumente der Ableitungen von $\Phi(x_i, x_{i u_\alpha})$ in (15) sind durch die Koordinaten der Extremalen $\hat{E}$ gegeben.

Im folgenden wollen wir die Größen $\delta^2\Phi$ bzw. $\delta^2\bar{\Phi}$ geeignet umformen.

Zunächst gibt es stets in α und β symmetrische Proportionalitätsfaktoren $F_{\alpha\beta}$, so daß gilt

$$(16)\qquad \left(\Phi_{x_{i u_\alpha} x_{j u_\beta}} + \Phi_{x_{i u_\beta} x_{j u_\alpha}}\right) = 2\,F_{\alpha\beta}\,p_i\,p_j \qquad \begin{matrix} \alpha, \beta = 1, \ldots, (n-1) \\ i, j \ = 1, \ldots, n \end{matrix}$$

Bew.: Unter Beachtung von (3) ist zunächst

$$\Phi_{x_{i u_\alpha}} \cdot x_{i u_\beta} = F_{p_j} \frac{\partial p_j}{\partial x_{i u_\alpha}} x_{i u_\beta} = F_{p_j} \cdot p_j \cdot \delta_{\alpha\beta} = \Phi \cdot \delta_{\alpha\beta},$$

woraus durch Differentiation nach $x_{j u_\beta}$ die Relationen folgen

(17a) $$\Phi_{x_{i u_\alpha} x_{j u_\beta}} \cdot x_{i u_\gamma} = 0 \quad \left\{ \begin{array}{l} \text{für} \quad \gamma \neq \beta, \gamma \neq \alpha \\ \text{oder} \quad \alpha = \beta = \gamma \end{array} \right.$$

(17b) $$\Phi_{x_{i u_\alpha} x_{j u_\beta}} \cdot x_{i u_\alpha} = \Phi_{x_{j u_\beta}} \quad \text{für} \quad \alpha \neq \beta$$

(17c) $$\Phi_{x_{i u_\alpha} x_{j u_\beta}} \cdot x_{i u_\beta} = - \Phi_{x_{j u_\alpha}} \text{für} \quad \alpha \neq \beta.$$

Also gilt unter Berücksichtigung von (17) für alle α und $\beta = 1, \ldots, (n-1)$:

(18) $$\left\{ \begin{array}{l} \sum_i \left(\Phi_{x_{i u_\alpha} x_{j u_\beta}} + \Phi_{x_{i u_\beta} x_{j u_\alpha}} \right) x_{i u_\gamma} = 0 \\ \qquad\qquad\qquad\qquad \gamma = 1, \ldots, (n-1) \\ \sum_j \left(\Phi_{x_{i u_\alpha} x_{j u_\beta}} + \Phi_{x_{i u_\beta} x_{j u_\alpha}} \right) x_{j u_\gamma} = 0. \end{array} \right.$$

Daraus folgt aber wegen (12) und (12′) unmittelbar die Existenz der Faktoren $F_{\alpha\beta}$ womit (16) bewiesen ist.

Die Umformung

(19) $$\Phi_{x_{i u_\alpha} x_{j u_\beta}} \zeta_{i u_\alpha} \zeta_{j u_\beta} = \frac{1}{2} \left(\Phi_{x_{i u_\alpha} x_{j u_\beta}} + \Phi_{x_{i u_\beta} x_{j u_\alpha}} \right) \zeta_{i u_\alpha} \zeta_{j u_\beta} + \frac{1}{2} \left(\Phi_{x_{i u_\alpha} x_{j u_\beta}} - \Phi_{x_{i u_\beta} x_{j u_\alpha}} \right) \zeta_{i u_\alpha} \zeta_{j u_\beta}$$

liefert uns mit der abkürzenden Bezeichnung

(20) $$w = \zeta_i \, p_i$$

aus (16) und (19)

$$\Phi_{x_{i u_\alpha} x_{j u_\beta}} \zeta_{i u_\alpha} \zeta_{j u_\beta} = F_{\alpha\beta} w_{u_\alpha} w_{u_\beta} - F_{\alpha\beta} \left(p_{i u_\alpha} p_{j u_\beta} \zeta_i \zeta_j + 2 p_j p_{i u_\alpha} \zeta_i \zeta_{j u_\beta} \right) + \frac{1}{2} \left(\Phi_{x_{i u_\alpha} x_{j u_\beta}} - \Phi_{x_{i u_\beta} x_{j u_\alpha}} \right),$$

so daß

$$
(21)\quad \begin{cases}
\delta^2\Phi = F_{\alpha\beta}\, w_{u_\alpha}\, w_{u_\beta} \\
+ \zeta_i\,\zeta_j\left[\Phi_{x_i x_j} - F_{\alpha\beta}\, p_{i u_\alpha}\, p_{j u_\beta}\right] \\
+ 2\zeta_i\,\zeta_{j u_\alpha}\left\{\frac{1}{2}\left(\Phi_{x_i x_{j u_\alpha}} + \Phi_{x_j x_{i u_\alpha}}\right) - \frac{1}{2} F_{\alpha\beta}\left(p_{i u_\beta}\, p_j + p_i\, p_{j u_\beta}\right)\right\} \\
+ \zeta_i\,\zeta_{j u_\alpha}\left[\left(\Phi_{x_i x_{j u_\alpha}} - \Phi_{x_{i u_\alpha} x_j}\right) - F_{\alpha\beta}\left(p_{i u_\beta}\, p_j - p_i\, p_{j u_\beta}\right)\right] \\
+ \frac{1}{2}\left(\Phi_{x_{i u_\alpha} x_{j u_\beta}} - \Phi_{x_{i u_\beta} x_{j u_\alpha}}\right)\zeta_{i u_\alpha}\,\zeta_{j u_\beta}\,.
\end{cases}
$$

Wir bezeichnen kurz die geschweiften Klammern mit L_{ij}^{α}; diese Größen sind symmetrisch in i und j.

Nun gilt weiterhin die Hilfsrelation [1])

$$
(22)\quad \left(\Phi_{x_i x_{j u_\alpha}} - \Phi_{x_{i u_\alpha} x_j}\right) - F_{\alpha\beta}\left(p_{i u_\beta}\, p_j - p_i\, p_{j u_\beta}\right) = -\frac{1}{2}\,\frac{\partial\left(\Phi_{x_{i u_\alpha} x_{j u_\beta}} - \Phi_{x_{i u_\beta} x_{j u_\alpha}}\right)}{\partial u_\beta}
$$

für $\alpha, \beta = 1, \ldots, (n-1)$.

Setzen wir

$$
(23)\quad M_{ij} = \Phi_{x_i x_j} - F_{\alpha\beta}\cdot p_{i u_\alpha}\, p_{j u_\beta} - \frac{\partial}{\partial u_\alpha}(L_{ij}^{\alpha})\,,
$$

wobei die M_{ij} symmetrisch in i und j sind, so wird (21) mit (22) und (23) zu

$$
\delta^2\Phi = F_{\alpha\beta}\, w_{u_\alpha}\, w_{u_\beta} + M_{ij}\,\zeta_i\,\zeta_j + \frac{\partial(L_{ij}^{\alpha}\,\zeta_i\,\zeta_j)}{\partial u_\alpha}
- \frac{\zeta_i\,\zeta_{j u_\alpha}}{2}\,\frac{\partial\left(\Phi_{x_{i u_\alpha} x_{j u_\beta}} - \Phi_{x_{i u_\beta} x_{j u_\alpha}}\right)}{\partial u_\beta}
+ \frac{1}{2}\left(\Phi_{x_{i u_\alpha} x_{j u_\beta}} - \Phi_{x_{i u_\beta} x_{j u_\alpha}}\right)\cdot\zeta_{i u_\alpha}\cdot\zeta_{j u_\beta}
$$

bzw. wegen der Schiefsymmetrie der Größen $\left(\Phi_{x_{i u_\alpha} x_{j u_\beta}} - \Phi_{x_{i u_\beta} x_{j u_\alpha}}\right)$ gegenüber α, β und i, j schließlich

$$
(24)\quad \delta^2\Phi = F_{\alpha\beta}\, w_{u_\alpha}\, w_{u_\beta} + M_{ij}\,\zeta_i\,\zeta_j + \frac{\partial(L_{ij}^{\alpha}\,\zeta_i\,\zeta_j)}{\partial u_\alpha}
+ \frac{1}{2}\,\frac{\partial\left[\left(\Phi_{x_{i u_\alpha} x_{j u_\beta}} - \Phi_{x_{i u_\beta} x_{j u_\alpha}}\right)\zeta_i\,\zeta_{j u_\beta}\right]}{\partial u_\alpha}\,.
$$

[1]) Siehe [27] S. 476!

Und endlich existiert eine Größe F_0, so daß

(25) $$M_{ij} = F_0 p_i p_j .$$

Der Beweis dieser Aussage ergibt sich aus folgenden Betrachtungen:

Nach der Definition der L^{α}_{ij} ist äquivalent zu (23)

(26) $$M_{ij} = \Phi_{x_i x_j} + p_i \frac{\partial}{\partial u_\alpha}\left(F_{\alpha\beta} p_{j u_\beta}\right) - \frac{\partial}{\partial u_\alpha}\left(\Phi_{x_{i u_\alpha} x_j}\right)$$
$$+ \frac{\partial}{\partial u_\alpha}\left[F_{\alpha\beta}\left(p_{i u_\beta} p_j - p_i p_{j u_\beta}\right) - \left(\Phi_{x_i x_{j u_\alpha}} - \Phi_{x_{i u_\alpha} x_j}\right)\right],$$

wie man durch eine leichte Umformung sofort erkennt.

Der Ausdruck der zweiten Zeile von (26) verschwindet jedoch wegen (22).

Andererseits ist

$$\delta_{\alpha\beta} \Phi_{x_j} = \Phi_{x_j x_{i u_\alpha}} \cdot x_{i u_\beta} .$$

Differenzieren wir diesen Ausdruck nach u_α und addieren, so folgt

(27) $$x_{i u_\beta}\left[\Phi_{x_i x_j} - \frac{\partial \Phi_{x_{i u_\alpha} x_j}}{\partial u_\alpha}\right] = 0; \quad \beta = 1, \ldots, (n-1).$$

Also erhalten wir wegen $x_{i u_\beta} p_i = 0$ und (27) schließlich

$$x_{i u_\beta} \cdot M_{ij} = 0 ,$$

und analog folgt

$$x_{j u_\beta} \cdot M_{ij} = 0;$$

d. h., es existiert wegen (12′) eine Größe F_0, so daß

$$M_{ij} = F_0 p_i p_j$$

ist, q. e. d. Damit wird endgültig unter Berücksichtigung von (20)

(28) $$\delta^2 \Phi = F_{\alpha\beta} w_{u_\alpha} w_{u_\beta} + F_0 w^2 + \frac{\partial (L^{\alpha}_{ij} \zeta_i \zeta_j)}{\partial u_\alpha}$$
$$+ \frac{1}{2} \frac{\partial\left[\left(\Phi_{x_{i u_\alpha} x_{j u_\beta}} - \Phi_{x_{i u_\beta} x_{j u_\alpha}}\right) \zeta_i \zeta_{j u_\beta}\right]}{\partial u_\alpha} .$$

Ganz entsprechende Gestalt hat dann auch $\delta^2 \overline{\Phi}$, wobei die auftretenden Koeffizienten bzw. Argumente durch die entsprechenden Größen zu ersetzen sind.

Führen wir die durch (28) gegebenen Ausdrücke $\delta^2 \Phi$ und $\delta^2 \overline{\Phi}$ in (14) ein, so ergibt sich nach einer leichten Umformung mit der Bezeichnung

$$N_{ij}^{\alpha\beta} = \frac{1}{2}\left(\Phi_{x_{i u_\alpha} x_{j u_\beta}} - \Phi_{x_{i u_\beta} x_{j u_\alpha}}\right)$$

und

$$\overline{N}_{ij}^{\alpha\beta} = \frac{1}{2}\left(\overline{\Phi}_{x_{i u_\alpha} x_{j u_\beta}} - \overline{\Phi}_{x_{i u_\beta} x_{j u_\alpha}}\right)$$

und unter Beachtung der Definition der ζ_i bzw. $\overline{\zeta}_i$ (vgl. (13)!) sowie von (13′)

$$(29) \qquad \delta^2 \mathfrak{J} = \int\limits_{\mathfrak{B}} [F_{\alpha\beta}\, w_{u_\alpha} w_{u_\beta} + F_0 w^2]\, du_1 \ldots du_n \\ + \int\limits_{\overline{\mathfrak{B}}} [\overline{F}_{\alpha\beta}\, \overline{w}_{u_\alpha} \overline{w}_{u_\beta} + \overline{F}_0 w^2]\, du_1 \ldots du_n \\ + \int\limits_{\mathfrak{C}_0} \{(L_{ij}^\alpha - \overline{L}_{ij}^\alpha)\, \zeta_i \zeta_j \\ + \left(N_{ij}^{\alpha\beta} \zeta_{j u_\beta} - \overline{N}_{ij}^{\alpha\beta} \overline{\zeta}_{j u_\beta}\right) \zeta_i\} \cos(\overline{\mathfrak{n}}, u_\alpha)\, do$$

wo $\overline{\mathfrak{n}}$ die Innennormale von $\mathfrak{C}_0$ zu $\overline{\mathfrak{B}}$ ist im Punkte $(u_\alpha) \subset \mathfrak{C}_0$. Wegen $F_{\alpha\beta}\, x_{i u_\alpha} x_{j u_\beta} = F_{p_i p_j}$[1]) drückt sich dann die Bedingung der positiven Regularität der Flächenelemente[2]) von $\hat{E}$ durch die äquivalente Forderung

$$(30) \qquad F_{\alpha\beta}\, \sigma_\alpha \sigma_\beta > 0 \quad \text{mit} \quad \sigma_\alpha \sigma_\alpha \neq 0 \qquad \alpha, \beta = 1, \ldots, (n-1)$$

aus.

Durch eine leichte Umformung gewinnen wir aus (28) wegen

$$\zeta_i = 0 \text{ auf } \mathfrak{S}_0 \text{ bzw. } \overline{\zeta}_i = 0 \text{ auf } \overline{\mathfrak{S}}_0$$

$$(31) \qquad \delta^2 \mathfrak{J} = \int\limits_{\mathfrak{B}} w\, \psi(w)\, du_1 \ldots du_{n-1} + \int\limits_{\overline{\mathfrak{B}}} \overline{w}\, \overline{\psi}(\overline{w})\, du_1 \ldots du_n \\ + \int\limits_{\mathfrak{C}_0} \left\{\left(F_{\alpha\beta}\, w\, w_{u_\beta} - \overline{F}_{\alpha\beta}\, \overline{w}\, \overline{w}_{u_\beta}\right) + (L_{ij}^\alpha - \overline{L}_{ij}^\alpha)\, \zeta_i \zeta_j \\ + \left(N_{ij}^{\alpha\beta} \zeta_{j u_\beta} - \overline{N}_{ij}^{\alpha\beta} \overline{\zeta}_{j u_\beta}\right) \zeta_i \right\} \cos(\overline{\mathfrak{n}}, u_\alpha)\, do$$

---

1) Siehe [27], S. 472, Formel (63).

2) Vgl. z. B. [43], S. 371.

mit

$$(31')\quad \begin{cases} \psi(w) \equiv -\dfrac{\partial}{\partial u_\alpha}\left(F_{\alpha\beta}\, w_{u_\beta}\right) + F_0\, w \\ \text{bzw.} \\ \bar{\psi}(\bar{w}) \equiv -\dfrac{\partial}{\partial u_\alpha}\left(\bar{F}_{\alpha\beta}\, \bar{w}_{u_\beta}\right) + \bar{F}_0\, \bar{w}\,. \end{cases}$$

Setzen wir

$$(32)\qquad r \cdot \alpha_i = \zeta_i(u_\beta) \text{ mit } r = \sqrt{\zeta_j\, \zeta_j}$$

und entsprechend $\bar{\alpha}_i$ und $\bar{r}$, so stellen für $r \neq 0$, $\bar{r} \neq 0$ die α_i bzw. $\bar{\alpha}_i$ die Einheitsvektoren in „Richtung" der Variation im Punkte (u_β) dar.

Unter Berücksichtigung der Definition von w bzw. $\bar{w}$ (vgl. (20)) erhalten wir unter der Voraussetzung

$$(33)\qquad \alpha_i\, p_i \neq 0\,, \quad \bar{\alpha}_i\, \bar{p}_i \neq 0$$

$r = \dfrac{w}{\alpha_i\, p_i}$, $\bar{r} = \dfrac{\bar{w}}{\bar{\alpha}_i\, \bar{p}_i}$; auf $\mathfrak{C}_0$ ist wegen (13′) $\alpha_i = \bar{\alpha}_i$ $(i = 1, \ldots, n)$. Deshalb muß auf $\mathfrak{C}_0$ weiterhin die Bedingung gelten

$$(34)\qquad \bar{w} = \vartheta w \quad \text{mit} \quad \vartheta = \frac{\alpha_i\, \bar{p}_i}{\alpha_i\, p_i}\,.$$

Wir können dann wegen der Schiefsymmetrie der $N_{ij}^{\alpha\beta}$ unter der Voraussetzung (33)[1]) den Ausdruck (31) auch in der Form schreiben:

$$\begin{aligned} \delta^2\mathfrak{J} = &\int_{\mathfrak{B}} w\, \psi(w)\, du_1 \ldots du_{n-1} + \int_{\bar{\mathfrak{B}}} \bar{w}\, \bar{\psi}(\bar{w})\, du_1 \ldots du_{n-1} \\ &+ \int_{\mathfrak{C}_0} \Bigg\{ \left(F_{\alpha\beta}\, w\, w_{u_\beta} - \bar{F}_{\alpha\beta}\, \bar{w}\, \bar{w}_{u_\beta}\right) + \frac{(L_{ij}^\alpha - \bar{L}_{ij}^\alpha)\, \alpha_i\, \alpha_j\, w^2}{(\alpha_k\, p_k)^2} \\ &+ \frac{\left(N_{ij}^{\alpha\beta}\, \alpha_{j u_\beta} - \bar{N}_{ij}^{\alpha\beta}\, \bar{\alpha}_{j u_\beta}\right)}{(\alpha_k\, p_k)^2}\, \alpha_i\, w^2 \Bigg\} \cos(\bar{\mathfrak{n}}, u_\alpha)\, do\,. \end{aligned}$$

Im weiteren führen wir die Abkürzung ein

$$(35)\quad h\left(\alpha_i, \alpha_{i u_\beta}\right) = \left[\frac{(L_{ij}^\alpha - \bar{L}_{ij}^\alpha)}{(\alpha_k\, p_k)^2}\, \alpha_i\, \alpha_j + \frac{\left(N_{ij}^{\alpha\beta}\, \alpha_{j u_\beta} - \bar{N}_{ij}^{\alpha\beta}\, \bar{\alpha}_{j u_\beta}\right)}{(\alpha_k\, p_k)^2}\, \alpha_i\right] \cdot \bar{n}_\alpha$$

mit $\cos(\bar{\mathfrak{n}}, u_\alpha) = \bar{n}_\alpha = -n_\alpha$.

[1]) Die lediglich auf $\mathfrak{C}_0$ erfüllt zu sein braucht!

Im § 6 werden wir anschließend an diese hier gewonnene Darstellung der zweiten Variation notwendige und hinreichende Bedingungen für ein schwaches Extremum, speziell Minimum, aufstellen. Zu diesem Zwecke werden wir in Analogie zu den Arbeiten [28], [30] und [31] von LICHTENSTEIN die zweite Variation nach Eigenfunktionen gewisser Randwertprobleme entwickeln. Diese Untersuchungen erfordern aber zunächst einige wesentliche meines Wissens neue Betrachtungen über sog. „gekoppelte" Randwertprobleme, die hier an Stelle der üblichen Randwertprobleme bezüglich der JACOBIschen Differentialgleichungen bei ungeknickten Extremalen auftreten.[1])

Wir werden im weiteren die Fälle $n = 2$ und $n = 3$ diskutieren; für $n > 3$ dürfte sich die hier vorliegende Theorie ohne wesentliche Schwierigkeiten dann auch verallgemeinern lassen.

§ 3

Spezielle gekoppelte Randwertprobleme bei gewöhnlichen Differentialgleichungen zweiter Ordnung

Gegeben seien die beiden Differentialgleichungen

$$(36)\quad \begin{cases} L(w) + \mu w \equiv \dfrac{d(F_1 w')}{dt} + q w + \mu w = 0 & \text{für} \quad t_1 \leqq t \leqq t_0 \\ L(\overline{w}) + \mu \overline{w} \equiv \dfrac{d(\overline{F}_1 \overline{w}')}{dt} + \overline{q} \overline{w} + \mu \overline{w} = 0 & \text{für} \quad t_0 \leqq t \leqq t_2, \end{cases}$$

wo F_1, $\overline{F}_1$, q, $\overline{q}$ regulär-analytische Funktionen von t sind. Dabei seien im Intervall $[t_1\, t_2]$ die Funktionen q und $\overline{q}$ so gewählt, daß

$$(36')\quad \begin{cases} q < 0\,,\ \overline{q} < 0 \quad \text{und} \quad \varkappa \equiv -(F_0 + q) > 0 \quad \text{bzw.} \\ \qquad\qquad\qquad\qquad \overline{\varkappa} \equiv -(\overline{F}_0 + \overline{q}) > 0 \end{cases}$$

ist.[2])

---

[1]) Vgl. [29].

[2]) F_0 und $\overline{F}_0$ sind im Falle $n = 2$ mit den analogen Größen von § 2 identisch, F_1 und $\overline{F}_1$ mit den Größen F_{11} und $\overline{F}_{11}$. — Die Betrachtungen dieses § 3 und § 5 (für $n = 2$) bleiben auch dann noch im wesentlichen gültig, wenn wir nur voraussetzen, daß F_1, $\overline{F}_1$ zweimal stetig differenzierbar sind und F_0, $\overline{F}_0$, q, $\overline{q}$ stetig differenzierbar!

Außerdem gelte für die abgeschlossenen t-Intervalle von (36) die Bedingung $F_1 > 0, \bar{F}_1 > 0$, und schließlich ist $w' = \frac{dw}{dt}$ bzw. $\bar{w}' = \frac{d\bar{w}}{dt}$.

Gesucht sind diejenigen Lösungspaare $w(t)$ und $\bar{w}(t)$ zu (36), welche den Randbedingungen

$$w(t_1) = 0\,, \qquad \bar{w}(t_2) = 0 \tag{37a}$$

und für $t = t_0$ den „Kopplungsrelationen" genügen:

$$\bar{w}(t_0) = \vartheta w(t_0) \quad \text{mit} \quad \vartheta = \frac{\begin{vmatrix} \dot{\bar{x}}_1 & \dot{\bar{x}}_2 \\ \alpha_1 & \alpha_2 \end{vmatrix}}{\begin{vmatrix} \dot{x}_1 & \dot{x}_2 \\ \alpha_1 & \alpha_2 \end{vmatrix}_{t_0}} \neq 0 \tag{37b}$$

und

$$H(w, \vartheta) \equiv F_1\, w' - \vartheta \bar{F}_1\, \bar{w}' = 0\,. \tag{37c}$$

Wir führen zur Vereinfachung die Größe

$$c = -\frac{F_1(t_0)}{\bar{F}_1(t_0)} \cdot \frac{\begin{vmatrix} \dot{x}_1 & \dot{x}_2 \\ \alpha_1 & \alpha_2 \end{vmatrix}}{\begin{vmatrix} \dot{\bar{x}}_1 & \dot{\bar{x}}_2 \\ \alpha_1 & \alpha_2 \end{vmatrix}} \quad \text{für } t = t_0 \tag{37d}$$

ein, so daß wegen $\alpha_i\, \alpha_i = 1$ und (33) umkehrbar eindeutig jedem $c \neq 0$ und $\neq \pm\, \infty$ ein Vektor (α_i) entspricht. Mit dieser Bezeichnung können wir ϑ und h von § 2 (vgl. (34) und (35)) für $n = 2$ auch als regulär-analytische Funktionen von c auffassen.

Wir führen dann eine Greensche Funktion $\hat{\mathfrak{G}}(s, t, c)$ zu unserem „gekoppelten" Randwertproblem (36/37) durch die folgende Erklärung ein:

Erklärung:

(38) Eine Funktion $\hat{\mathfrak{G}}(s, t, c)$ für $t_1 \leqq s, t \leqq t_2$ und einen Parameter $c \neq 0\,,\ \pm\, \infty$ soll eine Greensche Funktion unseres Problems (36/37) heißen, wenn sie folgende Bedingungen erfüllt:

1. $\widehat{\mathfrak{G}}(s, t, c)$ besitzt in jedem der Dreiecke $t_1 \leqq s < t \leqq t_2$ und $t_1 \leqq t < s \leqq t_2$ partielle Ableitungen 2. Ordnung nach s, die beschränkt und bis auf diejenigen im Punkte $s = t_0$ stetige Funktionen von s und t sind. Außerdem ist $\widehat{\mathfrak{G}}(s, t, c)$ für alle Parameterwerte $c \neq 0$ und $\neq \pm \infty$ erklärt.

2. $\widehat{\mathfrak{G}}(s, t, c)$ ist im Gesamtbereich $t_1 \leqq s, t \leqq t_2$ als Funktion von s bei beliebig festgehaltenem t und c stetig außer für $s = t_0$. Für $s = t_0$ gilt die Sprungrelation

$$\widehat{\mathfrak{G}}\,(t_0 + 0, t, c) = \vartheta(c)\,\widehat{\mathfrak{G}}\,(t_0 - 0, t, c)\,.$$

3. $\widehat{\mathfrak{G}}(s, t, c)$ erfüllt als Funktion von s die Differentialgleichungen

$$L_s\left(\widehat{\mathfrak{G}}(s, t, c)\right) = 0 \quad \text{für} \quad t_1 \leqq s < t_0$$

$$\text{und } s \neq t$$

$$L_s\left(\widehat{\mathfrak{G}}(s, t, c)\right) = 0 \quad \text{für} \quad t_0 < s \leqq t_2$$

bei beliebigem t in $[t_1\, t_2]$ und c.

4. Es gilt

a) $$F_1(t)\left[\frac{\partial \widehat{\mathfrak{G}}}{\partial s}(t+0, t, c) - \frac{\partial \widehat{\mathfrak{G}}}{\partial s}(t-0, t, c)\right] = -1$$
$$\text{für } t_1 < t < t_0,$$

$$F_1(t)\left[\frac{\partial \widehat{\mathfrak{G}}}{\partial s}(t+0, t, c) - \frac{\partial \widehat{\mathfrak{G}}}{\partial s}(t-0, t, c)\right] = -1$$
$$\text{für } t_0 < t < t_2.$$

b) Für $s = t_0$ ist bei beliebigem t für $t_1 < t < t_0$ und $t_0 < t < t_2$

$$F_1(t_0)\,\frac{\partial \widehat{\mathfrak{G}}}{\partial s}\,(t_0 - 0, t, c) - \vartheta(c)\,F_1(t_0)\,\frac{\partial \widehat{\mathfrak{G}}}{\partial s}\,(t_0 + 0, t, c) = 0\,.$$

5. $\widehat{\mathfrak{G}}(s, t, c)$ erfüllt für jedes feste t in $t_1 < t < t_2$ und für beliebiges c die homogenen Randbedingungen

$$\widehat{\mathfrak{G}}(t_1, t, c) = 0\,, \qquad \widehat{\mathfrak{G}}(t_2, t, c) = 0\,.$$

(39) Beh.: Die GREENsche Funktion $\widehat{\mathfrak{G}}(s, t, c)$ ist bezüglich s und t symmetrisch für $t_1 < s, t < t_2$ und $s \neq t_0, t \neq t_0$[1]).

Bew.: Es seien ξ_1 und ξ_2 zwei voneinander verschiedene Punkte im offenen Gesamtintervall (t_1, t_2) unter Ausschluß des Punktes t_0.

Wir setzen

$$u = \widehat{\mathfrak{G}}(s, \xi_1, c) = \mathfrak{G}_1(s); \; v = \widehat{\mathfrak{G}}(s, \xi_2, c) = \mathfrak{G}_2(s)$$

bei festem c.

Nach der GREENschen Formel gilt dann

$$(40) \quad \int_{t_1}^{t_0-0} [v\, L(u) - u\, L(v)]\, ds + \int_{t_0+0}^{t_2} [v\, \bar{L}(u) - u\, \bar{L}(v)]\, ds$$
$$= [F_1\,(v\,u' - u\,v')]_{t_1}^{t_0-0} + [\bar{F}_1\,(v\,u' - u\,v')]_{t_0+0}^{t_2},$$

und unter Berücksichtigung von (38) mit der Abkürzung

$$D_0(s) = \begin{cases} F_1(s)\,\big(\mathfrak{G}_2(s)\,\mathfrak{G}_1'(s) - \mathfrak{G}_1(s)\,\mathfrak{G}_2'(s)\big) & \text{für} \quad s \leqq t_0 - 0 \\ \bar{F}_1(s)\,\big(\mathfrak{G}_2(s)\,\mathfrak{G}_1'(s) - \mathfrak{G}_1(s)\,\mathfrak{G}_2'(s)\big) & \text{für} \quad s \leqq t_0 + 0 \end{cases}$$

$$(40') \quad D_0(t_1) + \big(D_0\,(\xi_1 - 0) - D_0\,(\xi_1 + 0)\big)$$
$$+ \big(D_0\,(\xi_2 - 0) - D_0\,(\xi_2 + 0)\big) + \big(D_0\,(t_0 - 0)$$
$$- D_0\,(t_0 + 0)\big) + D_0\,(t_2) = 0;$$

nach (38; 5) ist aber $D_0(t_1) = D_0(t_2) = 0$.

Weiterhin ist wegen (38; 2) und (38; 4b)

$$D_0\,(t_0 - 0) - D_0\,(t_0 + 0)$$
$$= F_1(t_0)\,[\mathfrak{G}_2\,(t_0 - 0)\,\mathfrak{G}_1'\,(t_0 - 0) - \mathfrak{G}_1\,(t_0 - 0)\,\mathfrak{G}_2'\,(t_0 - 0)]$$
$$- \bar{F}_1(t_0)\,[\mathfrak{G}_2\,(t_0 + 0)\,\mathfrak{G}_1'\,(t_0 + 0) - \mathfrak{G}_1\,(t_0 + 0)\,\mathfrak{G}_2'\,(t_0 + 0)]$$
$$= \mathfrak{G}_2\,(t_0 - 0)\,\{F_1(t_0)\,\mathfrak{G}_1'\,(t_0 - 0) - \vartheta(c)\,\bar{F}_1(t_0)\,\mathfrak{G}_1'\,(t_0 + 0)\}$$
$$- \mathfrak{G}_1\,(t_0 - 0)\,\{F_1(t)_0\,\mathfrak{G}_2'\,(t_0 - 0) - \vartheta(c)\,\bar{F}_1(t_0)\,\mathfrak{G}_2'\,(t_0 + 0)\}$$
$$= 0\,.$$

---

[1]) Dann gilt natürlich auch $\widehat{\mathfrak{G}}(s, t_0 - 0, c) = \widehat{\mathfrak{G}}(t_0 - 0, s, c)$ für $s \neq t_0$; bzw. $\mathfrak{G}(s, t_0 + 0, c) = \widehat{\mathfrak{G}}(t_0 + 0, s, c)$.

Damit reduziert sich (40′) auf die Gleichung

$$F_1(\xi_1)\,\mathfrak{G}_2(\xi_1)\,\{\mathfrak{G}_1'(\xi_1-0)-\mathfrak{G}_1'(\xi_1+0)\} \\ -F_1(\xi_2)\,\mathfrak{G}_1(\xi_2)\,\{\mathfrak{G}_2'(\xi_2-0)-\mathfrak{G}_2'(\xi_2+0)\}=0\,;$$

d. h. wegen (38; 4a) auf

$$\mathfrak{G}_1(\xi_2)=\mathfrak{G}_2(\xi_1) \quad \text{bzw.} \quad \hat{\mathfrak{G}}(\xi_2,\xi_1,c)=\hat{\mathfrak{G}}(\xi_1,\xi_2,c)\,.$$

q. e. d..

Konstruktion der Greenschen Funktion $\hat{\mathfrak{G}}(s,t,c)$:

$u(s)$ sei eine nichttriviale vorgegebene beliebige Lösung von $L(w)=0$ für $t_1 \leqq s \leqq t_0$, welche in t verschwindet; entsprechend sei $\overline{u}(s)$ für $t_0 \leqq s \leqq t_2$ eine nichttriviale Lösung von $\overline{L}(\overline{w})=0$, welche in t verschwindet. Beide Lösungen können wir in ihren Teilintervallen mit Ausnahme der Punkte t_1 und t_2 als positiv voraussetzen, da wegen $q<0$ und $\overline{q}<0$ das homogene erste Randwertproblem für jeden der einzelnen Halbbereiche $[t_1\,t_0]$ bzw. $[t_0\,t_2]$ nur die trivialen Lösungen $u\equiv 0$, $\overline{u}\equiv 0$ besitzt. Zugleich ist auf Grund dieser Voraussetzungen

$$u'(s)\geqq 0\,,\quad \overline{u}'(s)\leqq 0\,, \tag{41}$$

da die Lösungen obiger Differentialgleichungen im Innern der Intervalle $[t_1\,t_0]$ bzw. $[t_0\,t_2]$ kein positives Maximum annehmen. Nach der Festlegung von $u(s)$ und $\overline{u}(s)$ bestimmen wir weitere Lösungen $u_1(s)$ von $L(u_1)=0$ bzw. $u_2(s)$ von $\overline{L}(u_2)=0$, welche den inhomogenen Randbedingungen

$$u_1(t_1)=a_1>0;\ [F_1\,\overline{u}(t_0)]\cdot u'(t_0)-[\vartheta^2(c)\,\overline{F}_1\,\overline{u}'(t_0)]\,u_1(t_0)=0 \tag{42}$$

bzw.

$$u_2(t_2)=a_2>0;\ [\vartheta^2(c)\,F_1\,u(t_0)]\,u_2'(t_0)-[F_1\,u'(t_0)]\,u_2(t_0)=0 \tag{42'}$$

genügen.

Wegen (36′) und (41) existiert für die Intervalle $[t_1\,t_0]$ und $[t_0\,t_2]$ genau eine Lösung $u_1(s)$ bzw. $u_2(s)$, die die Randbedingungen (42) bzw. (42′) erfüllt. Von dieser Tatsache überzeugt man sich unmittelbar, indem man z. B. für das erste Intervall mit der GREENschen Formel

$$(43)\qquad \int_{t_1}^{t_0} u_1\, L(u_1)\, dt + \int_{t_1}^{t_0} (F_1\, u_1'^2 - q\, u_1^2)\, dt = [F_1(s)\, u_1\, u_1']_{t_1}^{t_0}$$

zeigt, daß es keine nichttriviale Lösung des homogenen Randwertproblems zu (42) gibt. Gäbe es nämlich eine solche nichttriviale Lösung, so wäre für diese die linke Seite der Gleichung (43) positiv, während die rechte Seite entgegengesetztes Vorzeichen hätte, da in (42) die Faktoren zu $u_1(t_0)$ und $u_1'(t)$ beide positiv sind, womit offensichtlich ein Widerspruch vorläge. Analog sind die Betrachtungen für das zweite Intervall zu führen.

$u_1(s)$ und $u_2(s)$ sind — was sich durch eine ähnliche Schlußweise wie vorher ergibt — wegen $a_1 > 0$ und $a_2 > 0$ in ihren zugehörigen Intervallen positiv; außerdem sind sie noch von dem Parameter c abhängig.

Wir definieren dann schließlich

$$(44)\ \text{für } t_1 \leqq t < t_0\ \widehat{\mathfrak{G}}(s, t, c) = \begin{cases} C\, u(s) & \text{für } t_1 \leqq s \leqq t - 0 \\ C_1\, u_1(s) & \text{für } t + 0 \leqq s \leqq t_0 - 0 \\ C\overline{u}(s) & \text{für } t_0 + 0 \leqq s \leqq t_2 \end{cases}$$

$$(44')\ \text{für } t_0 < t \leqq t_2\ \widehat{\mathfrak{G}}(s, t, c) = \begin{cases} C\, u(s) & \text{für } t_1 \leqq s \leqq t_0 - 0 \\ C_2\, u_2(s) & \text{für } t_0 + 0 \leqq s \leqq t - 0 \\ \overline{C}\, \overline{u}(s) & \text{für } t + 0 \leqq s \leqq t_2\,, \end{cases}$$

wo C, C_1, C_2 und $\ddot{C}$ noch zu bestimmende Funktionen von t und c sind.

Für $t \neq t_0$ müssen dann gemäß (38; 2) und (38; 4b) die Relationen gelten:

$$(45)\ \left.\begin{cases} \vartheta(c)\, u_1(t_0)\, C_1 - \overline{u}(t_0)\, \ddot{C} = 0 \\ F_1(t_0)\, u_1'(t_0)\, C_1 - \vartheta(c)\, \overline{F}_1(t_0)\, \overline{u}'(t_0)\, C = 0 \end{cases}\right\}\ \text{für } t < t_0,$$

$$(45')\ \left.\begin{cases} \vartheta(c)\, u(t_0)\, C - u_2(t_0)\, C_2 = 0 \\ F_1(t)\, u'(t_0)\, C - \vartheta(c)\, \overline{F}_1(t_0)\, u_2'(t_0)\, C_2 = 0 \end{cases}\right\}\ \text{für } t > t_0\,.$$

Die notwendigen Auflösungsbedingungen von (45) und (45′) nach $\ddot{C}$, C_1, C_2 und C sind gerade mit (42) und (42′) erfüllt. Infolgedessen existieren gewisse Faktoren ϱ_1 und ϱ_2, so daß

$$(46) \quad \begin{cases} \text{für } t < t_0 \quad C_1 = \varrho_1 \bar{u}(t_0)\,, & \bar{C} = \varrho_1 \vartheta(c) \cdot u_1(t_0)\,; \\ \text{für } t > t_0 \quad C_2 = \varrho_2 \vartheta(c)\, u(t_0)\,, & C = \varrho_2 u_2(t_0) \end{cases}$$

ist.

Wegen der Forderung (38; 4a) muß weiterhin gelten[1])

$$(47) \quad \begin{cases} \text{für } t_1 \leqq t < t_0 & C = \dfrac{-u_1(t)}{F_1(t)\,[u(t)\,u_1'(t) - u_1(t)\,u'(t)]}\,, \\ & C_1 = \dfrac{-u(t)}{F_1(t)\,[u(t)\,u_1'(t) - u_1(t)\,u'(t)]}\,, \\ \text{für } t_0 < t \leqq t & C_2 = \dfrac{-\bar{u}(t)}{\bar{F}_1(t)\,[u_2(t)\,\bar{u}'(t) - u(t)\,u_2'(t)]}\,, \\ & \bar{C} = \dfrac{-u_2(t)}{\bar{F}_1(t)\,[u_2(t)\,u'(t) - \bar{u}(t)\,u_2'(t)]}\,. \end{cases}$$

Gemäß der Betrachtungen der vorhergehenden Seite ist in allen Punkten von $[t_1\, t_0]$ bzw. $[t_0\, t_2]$

$$[u(t)\,u_1'(t) - u_1(t)\,u'(t)] < 0 \quad \text{und} \quad [u_2(t)\,\bar{u}'(t) - \bar{u}(t)\,u_2'(t)] < 0\,.$$

Aus (46) und (47) bestimmen sich schließlich ϱ_1 und ϱ_2 zu

$$\varrho_1 = \frac{-u(t)}{\bar{u}(t_0)\,F_1(t)\,[u(t)\,u_1'(t) - u_1(t)\,u'(t)]} \quad \text{für } t < t_0\,,$$

$$\varrho_2 = \frac{-\bar{u}(t)}{u(t_0)\,F_1(t)\,[u_2(t)\,\bar{u}'(t) - \bar{u}(t)\,u_2'(t)]\,\vartheta(c)} \quad \text{für } t > t_0\,.$$

Damit ist die GREENsche Funktion $\widehat{\mathfrak{G}}(s, t, c)$ endgültig konstruiert. Wir erkennen, daß die so erhaltene Funktion $\widehat{\mathfrak{G}}(s, t, c)$ in den Randpunkten des Gesamtintervalls $[t_1\, t_2]$ verschwindet, aber in allen übrigen Punkten ungleich Null ist. Außerdem ist, wie man unmittelbar ersieht, $\widehat{\mathfrak{G}}(s, t, c)$ eine regulär-analytische Funktion von c (für $c \neq 0, \pm \infty$) bei festgehaltenen Werten s und t.

Setzen wir nun in (40) für $v(s)$ die Funktion $\widehat{\mathfrak{G}}(s, t, c)$ bei festgehaltenem c und t für $t_1 < t < t_2$ und $t \neq t_0$ ein und für $u(s)$

[1]) Siche z. B. [40], S. 302.

irgendwelche Funktionen $w(s)$ bzw. $\overline{w}(s)$, welche den Bedingungen (36/37) genügen, so folgt unter der Annahme, daß z. B. $t < t_0$ ist

$$(48)\qquad -\mu\int_{t_1}^{t_0}\widehat{\mathfrak{G}}(s,t,c)\,w(s)\,ds-\mu\int_{t_0}^{t_2}\widehat{\mathfrak{G}}(s,t,c)\,\overline{w}(s)\,ds$$
$$=\left[F_1\left(\widehat{\mathfrak{G}}\,w'-w\,\frac{\partial\widehat{\mathfrak{G}}}{\partial s}\right)\right]_{t_1}^{t-0}+\left[F_1\left(\widehat{\mathfrak{G}}\,w'-w\,\frac{\partial\widehat{\mathfrak{G}}}{\partial s}\right)\right]_{t+0}^{t_0-0}$$
$$+\left[\overline{F}_1\left(\widehat{\mathfrak{G}}\,\overline{w}'-\overline{w}\,\frac{\partial\widehat{\mathfrak{G}}}{\partial s}\right)\right]_{t_0+0}^{t_2}.$$

Führen wir die Bezeichnung ein

$$\widehat{w}(s)=\begin{cases}w(s) & \text{für}\quad t_1\leqq s\leqq t_0-0\\ \overline{w}(s) & \text{für}\quad t_0+0\leqq s\leqq t_2,\end{cases}$$

so folgt aus (48)

$$-\mu\int_{t_1}^{t_2}\widehat{\mathfrak{G}}(s,t,c)\,\widehat{w}(s)\,ds+w(t)$$
$$=F_1(t_0)\left(\widehat{\mathfrak{G}}\,(t_0-0,t)\,w'(t_0)-w(t_0)\,\frac{\partial\widehat{\mathfrak{G}}}{\partial s}\,(t_0-0,t)\right)$$
$$-\overline{F}_1(t_0)\left(\widehat{\mathfrak{G}}\,(t_0+0,t)\,\overline{w}'(t_0)-\overline{w}(t_0)\,\frac{\partial\widehat{\mathfrak{G}}}{\partial s}\,(t_0+0,t)\right).$$

Die rechte Seite dieser Gleichung ergibt mit (36), (37) und (38):

$$\widehat{\mathfrak{G}}(t_0-0,t)\,\{F_1(t_0)\,w'(t)-\vartheta(c)\,\overline{F}_1\,(t_0)\,\overline{w}'(t_0)\}$$
$$-w(t_0)\left\{F_1(t_0)\,\frac{\partial\widehat{\mathfrak{G}}}{\partial s}\,(t_0-0,t)-\vartheta(c)\,F_1(t_0)\,\frac{\partial\widehat{\mathfrak{G}}}{\partial s}\,(t_0+0,t)\right\}=0\,.$$

Ganz analog sind die Betrachtungen für $t > t_0$.

Wir erhalten damit schließlich für $\widehat{w}(t)$ die Darstellung

$$(49)\qquad \widehat{w}(t)=\mu\int_{t_1}^{t_2}\widehat{\mathfrak{G}}(s,t,c)\,\widehat{w}(s)\,ds\,.$$

(50) Beh.: Jede Lösung der Integralgleichung (49) erfüllt umgekehrt auch die Gleichungen von (36/37).

Bew.: Daß zunächst jede Lösung von (49) den Differentialgleichungen (36) für $t_1 < t < t_0$ bzw. $t_0 < t < t_2$ genügt, läßt sich auf dem gleichen Wege beweisen wie im Falle gewöhnlicher ungekoppelter Randprobleme linearer elliptischer Differentialgleichungen 2. Ordnung und bedarf deshalb hier keiner besonderen Erörterung.[1])

An zweiter Stelle zeigen wir, daß jede Lösung von (49) den Rand- und Kopplungsbedingungen (37) genügt.

Das Erfülltsein der Randbedingungen ist wegen (38; 5) und (39) direkt aus (49) abzulesen.

Wegen (49) ist $\hat{w}(t_0 - 0) = w(t_0) = \mu \int\limits_{t_1}^{t_2} \hat{\mathfrak{G}}(t_0 - 0, s, c)\, \hat{w}(s)\, ds$

$$\text{und } \hat{w}(t_0 + 0) = \overline{w}(t_0) = \mu \int\limits_{t_1}^{t_2} \hat{\mathfrak{G}}(t_0 + 0, s, c)\, \hat{w}(s)\, ds\,,$$

also $$\vartheta(c)\, \hat{w}(t_0 - 0) - \hat{w}(t_0 + 0) = \mu \int\limits_{t_1}^{t_2} [\hat{\mathfrak{G}}(t_0 - 0, s, c)\, \vartheta(c) - \hat{\mathfrak{G}}(t_0 + 0, s, c)]\, \hat{w}(s)\, ds$$

und nach (38; 2) $= 0\,,$

womit die Annahme der 1. Kopplungsbedingung (37b) bewiesen ist.

Endlich zeigen wir, daß jede Lösung von (49) für $t = t_0$ die Bedingung (37c), d. h.,

$$F_1(t_0)\, w'(t_0) - \vartheta(c)\, \overline{F}_1(t_0)\, \overline{w}'(t) = 0$$

erfüllt:

Nach (49) ist

$$\hat{w}'(t_0 - 0) = w'(t_0) = \mu \int\limits_{t_1}^{t_2} \frac{\partial \hat{\mathfrak{G}}}{\partial t} (t_0 - 0, s, c)\, \hat{w}(s)\, ds$$

und

$$\hat{w}'(t_0 + 0) = \overline{w}'(t_0) = \mu \int\limits_{t_1}^{t_2} \frac{\partial \hat{\mathfrak{G}}}{\partial t} (t_0 + 0, s, c)\, \hat{w}(s)\, ds;$$

[1]) Vgl. z. B. J. HORN: „Partielle Differentialgleichungen". Berlin 1949, S. 88/89.

also

$$(F_1(t_0)\, w'(t_0) - \vartheta(c)\, \overline{w}'(t_0)\, F_1(t_0))$$

$$= \mu \int_{t_1}^{t_0} \left[F_1(t_0) \frac{\partial \widehat{\mathfrak{G}}}{\partial t}(t_0 - 0, s, c) - \vartheta(c)\, F_1(t_0) \frac{\partial \widehat{\mathfrak{G}}}{\partial t}(t_0 + 0, s, c) \right] \widehat{w}(s)\, ds$$

und nach (38; 4b) $\qquad = 0 \qquad$ q. e. d..

Der Theorie der linearen Integralgleichungen 2. Art mit symmetrischem und stückweise stetigem Kern entnehmen wir dann folgende Sätze:

(51a) 1. Die Integralgleichung (49) bzw. das gekoppelte Randwertproblem (36/37) hat unendlich viele Eigenwerte $\mu_j(c)$ ($j = 1, 2 \ldots$); anschließend werden wir zeigen, daß diese $\mu_j(c)$ alle positiv und stetige Funktionen von c sind.

(51b) 2. Die unendliche Reihe $\sum_{j=1}^{\infty} \frac{1}{\mu_j(c)^2}$ konvergiert.

(51c) 3. Es sei $\widehat{w}_j(t, c)$ die zu $\mu_j(c)$ gehörige Eigenfunktion von (49) bzw. (36/37); ist $\widehat{w}(t)$ irgendeine in $[t_1\, t_2]$ stückweise stetige Funktion, so gilt:

$$\int_{t_1}^{t_2} \widehat{w}^2(t)\, dt = \sum_{j=1}^{\infty} \left(\int_{t_1}^{t_2} \widehat{w}\, \widehat{w}_j(t, c)\, dt \right)^2 .$$

Die letzte Behauptung ergibt sich direkt aus der Tatsache, daß die Eigenfunktionen $\widehat{w}_j(t, c)$ ein vollständiges Orthogonalsystem bilden. Andernfalls müßte es mindestens eine Funktion $\psi_0(t)$ geben, für die

$$\int_{t_1}^{t_2} \widehat{\mathfrak{G}}(s, t, c)\, \psi_0(t)\, dt = 0$$

gilt[1]). Da aber $g(s) = \int_{t_1}^{t_2} \widehat{\mathfrak{G}}(s, t, c)\, \psi_0(t)\, dt$ den Differentialgleichungen $L(g(s)) = -\psi_0(s)$ für $t_1 \leqq s \leqq t$ bzw. $\overline{L}(g(s)) = -\psi_0(s)$ für $t_0 \leqq s \leqq t$ genügt, kann $\psi_0(t)$ wegen $g(s) = 0$ nur identisch Null sein.

[1]) Vgl. z. B. [38], S. 184.

Zum Beweise des Zusatzes von (51a) setzen wir in die Formel (43) mit den Grenzen t_1 und t_2 für u_1 $\hat{w}_j(t, c)$ ein; dann gilt

$$-\mu_j \int_{t_1}^{t_2} \hat{w}_j^2 \, dt + \int_{t_1}^{t_2} (\widehat{F_1}\, \hat{w}_j'^2 - \hat{q}\, \hat{w}_j^2)\, dt = 0 \quad \text{für} \quad j = 1, 2, \ldots$$

also ist

$$\mu_j = \int_{t_1}^{t_2} (\widehat{F_1}\, \hat{w}_j'^2 - \hat{q}\, \hat{w}_j^2)\, dt > 0$$

wegen (36') und $\hat{q} < 0$.[1])

Daß die $\mu_j(c)$ stetige Funktionen von c sind, ergibt sich unmittelbar nach [12] (S. 128: „Über die stetige Abhängigkeit der Eigenwerte und Eigenfunktionen vom Kern“), da $\widehat{\mathfrak{G}}(s, t, c)$ nach S. 25 eine regulär-analytische Funktion von c ist.

§ 4

Erweiterung der Untersuchungen auf spezielle gekoppelte Randwertprobleme bei linearen partiellen elliptischen Differentialgleichungen zweiter Ordnung

In der Terminologie des § 2 seien im (u_1, u_2)-Koordinatensystem zwei beschränkte Grundbereiche $\mathfrak{B}$ und $\overline{\mathfrak{B}}$ gegeben, welche keine gemeinsamen inneren Punkte besitzen sollen. $\overline{\mathfrak{B}}$ werde von der doppelpunktfreien regulär-analytischen Kurve $\mathfrak{C}_0$ berandet, welche bei unseren nachfolgenden Untersuchungen als in sich geschlossen vorausgesetzt wird. $\mathfrak{B}$ werde von $\mathfrak{C}_0$ und einer weiteren doppelpunktfreien stetig gekrümmten Randkurve berandet, wir bezeichnen sie mit $\mathfrak{S}_0$. $\mathfrak{S}_0$ und $\mathfrak{C}_0$ mögen keine gemeinsamen Punkte besitzen, so daß $\mathfrak{B}$ ein zweifach zusammenhängender und $\widehat{\mathfrak{B}}$ dagegen ein einfach zusammenhängender Bereich ist.

Auf $\mathfrak{B}$ sei weiterhin vorgegeben die selbstadjungierte partielle Differentialgleichung

$$(52) \quad L_0(w) + \lambda\, \varkappa_0\, w = \frac{\partial}{\partial u_\alpha} (F_{\alpha\beta}\, w_{u\beta}) + q_0\, w + \lambda\, \varkappa_0\, w = 0 \qquad \alpha, \beta = 1, 2$$

---

[1]) $\widehat{F_1}$ und $\hat{q}$ sind wie $\hat{w}(t)$ von S. 26 aufzufassen!

mit den Randbedingungen

$$(52') \quad \begin{cases} w = \varphi_1(s) \quad \text{auf } \mathfrak{S}_0 \\ \left.\begin{aligned} \Theta_0(w) &= [(F_{\alpha\beta}\, w_{u\beta})\, n_\alpha] = \varphi_2(s) \\ w &= \varphi_3(s) \end{aligned}\right\} \text{auf } \mathfrak{C}_0 . \end{cases}$$

$F_{\alpha\beta}$, $\varkappa_0$ und q_0 seien regulär analytische Funktionen[1]) von u_1 und u_2 in $\mathfrak{B}$. Außerdem gelte hier $D^2 = F_{11} F_{22} - F_{12}^2 > 0$. q_0 sei so gewählt, daß in ganz $\mathfrak{B}$ $q_0 < 0$ und $\varkappa_0 \equiv -(F_0 + q_0) > 0$ ist. Und schließlich seien φ_1, φ_2 und φ_3 zweimal stetig differenzierbar nach ihrem Argument, der Bogenlänge s auf $\mathfrak{C}_0$ bzw. $\mathfrak{S}_0$.

Entsprechend sei in $\overline{\mathfrak{B}}$ die Differentialgleichung

$$(53) \quad \overline{L}_0(\overline{w}) + \lambda\, \bar{\varkappa}_0\, \overline{w} \equiv \frac{\partial}{\partial u_\alpha} (\overline{F}_{\alpha\beta}\, \overline{w}_{u\beta}) + \bar{q}_0\, \overline{w} + \lambda\, \bar{\varkappa}_0\, \overline{w} = 0 \qquad \alpha, \beta = 1, 2$$

mit den Randbedingungen

$$(53') \quad \begin{cases} \vartheta(s)\, \overline{\Theta}_0(\overline{w}) \equiv (\overline{F}_{\alpha\beta}\, \overline{w}_{u\beta})\, \bar{n}_\alpha\, \vartheta(s) = \gamma_2(s) - \varphi_2(s) \\ \overline{w} = + \vartheta(s)\, \varphi_3(s) + \gamma_1(s); \\ \qquad \vartheta(s) = \left.\dfrac{\alpha_i\, \bar{p}_i(s)}{\alpha_i\, p_i(s)}\right|_{\mathfrak{C}_0} \neq 0 \end{cases} ;$$

auf $\mathfrak{C}_0$ erklärt, wobei die überstrichenen Koeffizienten die gleichen Regularitätseigenschaften besitzen sollen wie die entsprechenden unüberstrichenen von (52), (52'); auch hier sei $\bar{q}_0 < 0$ und $\bar{\varkappa}_0 \equiv -(\overline{F}_0 + \bar{q}_0) > 0$ sowie $\overline{D}^2 = \overline{F}_{11} \overline{F}_{22} - \overline{F}_{12}^2 > 0$. Die Funktionen $\alpha_i(s)$ seien vorläufig so beschaffen, daß auf $\mathfrak{C}_0$ $\vartheta(s)$ eine regulär-analytische Funktion von s ist; $\gamma_1(s)$ und $\gamma_2(s)$ mögen zweimal stetig differenzierbare Funktionen ihres Arguments sein.

Zur Vereinfachung der folgenden Untersuchungen empfiehlt sich eine Transformation der Randwertprobleme (52/52') und (53/53') auf gewisse Normalformen. Diese Operation bedarf

[1]) Da in (2) $\Phi(x_i, x_{i\,u_\alpha})$ als regulär-analytische Funktion vorausgesetzt war, können wir auch $F_{\alpha\beta}$ und F_0 ohne Einschränkung unserer Untersuchungen als regulär-analytische Funktionen von u_α annehmen. – Die Betrachtungen dieses § 4 und § 5 bleiben im wesentlichen auch dann noch gültig, wenn $F_{\alpha\beta}$ zweimal stetig differenzierbar und F_0 und q_0 stetig differenzierbar sind!

jedoch wegen der Kopplung der Bedingungen (52′) und (53′) einiger zusätzlicher Betrachtungen:

(54) Beh.: Unter den auf Seite 29 und 30 angegebenen Voraussetzungen existieren stets umkehrbar eindeutige Transformationen

I. $u'_\alpha = \psi_\alpha(u_\beta) \quad \alpha, \beta = 1, 2 \quad$ für $\quad (u_\alpha) \subset \mathfrak{B}$

II. $u'_\alpha = \bar{\psi}_\alpha(u_\beta) \quad \alpha, \beta = 1, 2 \quad$ für $\quad (u_\alpha) \subset \overline{\mathfrak{B}}$,

mit regulär analytischen Funktionen ψ_α und $\bar{\psi}_\alpha$, die den Bereich $\mathfrak{B} + \overline{\mathfrak{B}}$ in einen beschränkten einfach zusammenhängenden Bereich $\mathfrak{B}' + \overline{\mathfrak{B}}'$ der (u'_α)-Ebene überführen. Das Bild von $\overline{\mathfrak{B}}$ ist dabei $\overline{\mathfrak{B}}'$, als einfach zusammenhängender Bereich, der von der regulär-analytischen Kurve $\mathfrak{C}'$ als umkehrbar eindeutiges Abbild von $\mathfrak{C}_0$ berandet wird. $\mathfrak{B}'$ ist schließlich das Bild von $\mathfrak{B}$ und wird berandet von den beiden doppelpunktfreien und geschlossenen zueinander punktfremden Kurven $\mathfrak{C}'$ und $\mathfrak{S}'$, wobei $\mathfrak{S}'$ als Bild von $\mathfrak{S}_0$ stetig gekrümmt ist.

(52) reduziert sich in $\mathfrak{B}'$ auf die Normalform selbstadjungierter elliptischer Differentialgleichungen und (53) auf die entsprechende Normalform in $\overline{\mathfrak{B}}'$.

Bew.:

Wir führen zunächst alle weiteren Betrachtungen für $\mathfrak{B}$ und (52) durch. Nach Sätzen von Lichtenstein (vgl. [32] und [31]!) gibt es unendlich viele umkehrbar eindeutige Transformationen

(55) $$u'_1 = \psi_1(u_1, u_2), \quad u'_2 = \psi_2(u_1, u_2)$$

mit $$\frac{\partial(u'_1, u'_2)}{\partial(u_1, u_2)} > 0; \qquad (u_1, u_2) \subset \mathfrak{B}$$

und regulär analytischen Funktionen ψ_1 und ψ_2, welche die Beltramische Differentialgleichung

$$\frac{\partial}{\partial u_\alpha}\left(\frac{F_{\alpha\beta}\, w_{u\beta}}{D}\right) = 0$$

auf die Form bringen

$$\sum_{\alpha=1}^{2} \frac{\partial^2 w'}{\partial u'^2_\alpha} = 0 \quad \text{mit} \quad w'(\psi_1, \psi_2) = w(u_1, u_2) \, .$$

Indem wir uns also irgend eine dieser Transformationen herausgreifen, wird $\mathfrak{B}$ dabei in der (u'_1, u'_2)-Ebene in einen Bereich $\mathfrak{B}'$ transformiert, welcher von zwei zueinander punktfremden doppelpunktfreien Kurven $\mathfrak{S}'$ und $\mathfrak{C}'$ berandet wird. Nach Lichtenstein haben $\mathfrak{S}'$ und $\mathfrak{C}'$ derartige analytische Eigenschaften, wie sie in (54) genannt wurden.

Die ganz analogen Betrachtungen können wir nun auch für $\overline{\mathfrak{B}}$ und (53) durchführen. Wir erhalten dann stets eine Transformation

$$(56) \qquad v_1 = v_1(u_1, u_2) \, , \quad v_2 = v_2(u_1, u_2)$$

mit

$$\frac{\partial(v_1, v_2)}{\partial(u_1, u_2)} > 0; \quad (u_1, u_2) \subset \overline{\mathfrak{B}}$$

und regulär analytischen Funktionen $v_1(u_1, u_2)$ und $v_2(u_1, u_2)$. welche

$$\frac{\partial}{\partial u_\alpha}\left(\frac{\overline{F}_{\alpha\beta}\,\overline{w}_{u\beta}}{\overline{D}}\right) = 0$$

überführt in

$$\sum_{\alpha=1}^{2} \frac{\partial^2 \overline{w}^*}{\partial v_\alpha^2} = 0 \text{ mit } \overline{w}^*(v_1, v_2) = \overline{w}(u_1, u_2) \text{ und } (u_1, u_2) \subset \overline{\mathfrak{B}} \, .$$

$\overline{\mathfrak{B}}$ wird dabei in der (v_1, v_2)-Ebene auf den Bereich $\overline{\mathfrak{B}}^*$ abgebildet, welcher von $\mathfrak{C}^*$ als regulär-analytische Kurve berandet wird.

Betrachten wir $\mathfrak{C}'$ in der komplexen z'-Ebene mit $z' = u'_1 + i u'_2$ sowie $\mathfrak{C}^*$ in der komplexen z^*-Ebene mit $z^* = v_1 + i\, v_2$, so erkennen wir aus der Art der Transformationen (55) und (56), daß jedem Punkt P^* von $\mathfrak{C}'$ umkehrbar eindeutig ein Punkt von $\mathfrak{C}'$ zugeordnet wird; nämlich gerade derjenige, dessen Urbild vor Ausführung beider Transformationen (55) und (56) identisch war mit dem Urbild von P^* auf $\mathfrak{C}_0$. Infolgedessen gibt es eine regulär-analytische Funktion $f(z^*(s))$ mit

$$z'(s) = f(z^*(s)) \quad \text{und} \quad \frac{\partial f}{\partial s}(z^*(s)) \neq 0\,,$$

welche diese umkehrbar eindeutige Zuordnung der Randpunkte von $\mathfrak{C}^*$ und $\mathfrak{C}'$ vermittelt (s werde als Bogenlänge von $\mathfrak{C}^*$ modulo (Umfang von $\mathfrak{C}^*$) gerechnet).

Durch

$$(57) \qquad z' = \frac{1}{2\pi_i} \oint_{\mathfrak{C}^*} \frac{f(\xi^*)}{\xi^* - z^*} d\xi^* \equiv f(z^*)$$

wird schließlich eine regulär-analytische Funktion $f(z^*)$ in ganz $\overline{\mathfrak{B}}^*$ erklärt, welche wegen des regulär-analytischen Charakters von $\mathfrak{C}^*$ auf $\mathfrak{C}^*$ mit $f(z^*(s))$ übereinstimmt. Die Transformation $z' = f(z^*)$ liefert dann gerade die konforme Abbildung von $\overline{\mathfrak{B}}^*$ auf den von $\mathfrak{C}'$ umschlossenen Bereich in der z'-Ebene, den wir $\overline{\mathfrak{B}}'$ nennen. Die Transformation $z' = f(z^*)$ hat zugleich die Eigenschaft alle Punkte von $\mathfrak{C}^*$ und $\mathfrak{C}'$, deren Urbilder auf $\mathfrak{C}_0$ zusammenfallen, in $\mathfrak{C}'$ wieder zu vereinigen. Hat $f(z^*)$ den Realteil $u_1^*(v_1, v_2)$ und den Imaginärteil $u_2^*(v_1, v_2)$, so erkennen wir nach (56), daß

$$(58) \quad \begin{cases} u_1' = u_1^*(v_1(u_1, u_2), v_2(u_1, u_2)) \equiv \bar{\psi}_1(u_1, u_2) \\ u_2' = u_2^*(v_1(u_1, u_2), v_2(u_1, u_2)) \equiv \bar{\psi}_2(u_1, u_2) \end{cases} \text{für } (u_1, u_2) \subset \overline{\mathfrak{B}}$$

eine umkehrbar eindeutige Transformation von $\overline{\mathfrak{B}}$ auf $\overline{\mathfrak{B}}'$ liefert, für die

$$w'(u_1', u_2') = \overline{w}(u_1, u_2) \quad \text{und} \quad \frac{\partial(u_1', u_2')}{\partial(u_1, u_1)} > 0$$

gilt.

Nunmehr können wir in ganz analoger Weise wie in der zitierten Arbeit [31] die Transformationen (55) und (58) auf (52/52') bzw. (53/53') anwenden und erhalten nach einer kleinen Rechnung für alle Punkte von $\mathfrak{B}'$ die Differentialgleichung

$$(59) \qquad L(w') = \frac{\partial(D\, w'_{u_\alpha})}{\partial u'_\alpha} + q\, w' + \lambda\, \varkappa\, w' = 0 \qquad \alpha = 1, 2$$

$$\text{mit} \qquad q = q_0 \frac{\partial(u_1, u_2)}{\partial(u_1', u_2')}, \quad \varkappa = \varkappa_0 \frac{\partial(u_1, u_2)}{\partial(u_1', u_2')}$$

und den Randbedingungen

$$(59') \quad \begin{cases} w' = \varphi_1(s) & \text{auf } \mathfrak{S}' \\ \Theta(w') = D \dfrac{\partial w'}{\partial n'} = \varphi_2(s) & \\ w' = \varphi_3(s) & \end{cases} \left.\vphantom{\begin{matrix} a \\ b \end{matrix}}\right\} \text{auf } \mathfrak{C}',$$

wo n' die Innennormale von $\mathfrak{C}'$ bezüglich $\mathfrak{B}'$ darstellt.

Entsprechend folgt für alle Punkte von $\overline{\mathfrak{B}}'$

$$(60) \qquad L(\overline{w}) = \frac{\partial(\overline{D}\,\overline{w}'_{u_\alpha})}{\partial u'_\alpha} + \overline{q}\,\overline{w}' + \lambda\,\overline{\varkappa}\,\overline{w}' = 0 \qquad \alpha = 1, 2$$

mit

$$\overline{q} = \overline{q}_0 \frac{\partial(u_1, u_2)}{\partial(u'_1, u'_2)}, \quad \overline{\varkappa} = \overline{\varkappa}_0 \frac{\partial(u_1, u_2)}{\partial(u'_1, u'_2)}$$

und den Randbedingungen auf $\mathfrak{C}'$:

$$(60') \qquad \vartheta(s)\cdot\Theta(\overline{w}') = \overline{D}\frac{\partial \overline{w}'}{\partial \overline{n}'}\,\vartheta(s) = \gamma_2(s) - \varphi_2(s)$$
$$\overline{w}' = +\,\vartheta(s)\cdot\varphi_3(s) + \gamma_1(s),$$

wo $\overline{n}'$ die Innennormale von $\mathfrak{C}'$ bezüglich $\overline{\mathfrak{B}}'$ darstellt. Insbesondere ist also $n' = -\,n'$; damit ist aber (54) vollständig bewiesen.

Auf Grund dieser Aussage (54) bedeutet es keine Einschränkung, wenn wir im folgenden unsere Untersuchungen für Probleme vom Typ (59/59') und (60/60') vornehmen. Zur Vereinfachung der Bezeichnungsweise lassen wir im weiteren die Striche an den Argumenten und Funktionen wieder weg.

In Analogie zum Falle $n = 2$ von § 3 betrachten wir zunächst das folgende spezielle gekoppelte Randwertproblem: Gesucht ist dasjenige Lösungspaar w, $\overline{w}$, welches in $\mathfrak{B}'$ der Differentialgleichung

$$(61) \qquad L(w) + \mu\,w = \frac{\partial(D\,w_{u_\alpha})}{\partial u_\alpha} + q\,w + \mu\,w = 0$$

und in $\overline{\mathfrak{B}}'$ der Differentialgleichung

$$(61') \qquad L(\overline{w}) + \mu\,w = \frac{\partial(\overline{D}\,\overline{w}_{u_\alpha})}{\partial u_\alpha} + \overline{q}\,\overline{w} + \mu\,\overline{w} = 0$$

genügt, auf $\mathfrak{S}'$ die Bedingung

$$w = \varphi_1(s)$$

und auf $\mathfrak{C}'$ die Kopplungsbedingungen

$$(62)\quad \begin{cases} \overline{w} - \vartheta(s, c)\, w = \gamma_1(s)\,, \\ H(w, \vartheta) \equiv \Theta(w) + \vartheta(s, c)\, \Theta(\overline{w}) = \gamma_2(s) \end{cases}$$

erfüllt. $\vartheta(s, c)$ sei dabei — aus Gründen, die wir später auf S. 40 näher erläutern werden — von der speziellen Gestalt

$$(63)\qquad \vartheta(s, c) \equiv \frac{\alpha_i\, \overline{p}_i}{\alpha_i\, p_i} = -\frac{D(s)}{c\, \overline{D}(s)} \quad \text{für } c \neq 0$$

und somit eine regulär-analytische Funktion von s; c tritt als Parameter auf. Mit anderen Worten heißt das: Wir spezialisieren uns vorläufig auf die Untersuchung solcher Fälle, wo die Funktionen $\alpha_i(s)$ für alle s auf $\mathfrak{C}'$ der Bedingung genügen

$$(63')\qquad -\frac{D(s)}{\overline{D}(s)} \frac{\alpha_i\, p_i}{\alpha_i\, \overline{p}_i} = \text{const} = c \neq 0$$

sowie der Voraussetzung (33).

Wir führen dann eine GREENsche Funktion $\hat{\mathfrak{G}}(X, Y, c)$ zu unserem „gekoppelten" Randwertproblem (61/61') und (62) durch die folgende Erklärung ein:

(64) Erklärung:

Eine Funktion $\hat{\mathfrak{G}}(X, Y, c)$ für alle Punkte X und Y[1]) von $\mathfrak{B}' + \overline{\mathfrak{B}}'$ und einen Parameter $c \neq 0, \pm\infty$ heiße eine GREENsche Funktion unseres gekoppelten Randwertproblems (61/61'/62), wenn sie folgende Bedingungen erfüllt:

1. Zu allen inneren Punkten Y von $\mathfrak{B}'$ bzw. $\overline{\mathfrak{B}}'$ gilt bei festem Parameter c

$$\left.\begin{array}{l} \text{für } X \subset \mathfrak{B}'\ L_x\left(\hat{\mathfrak{G}}(X, Y, c)\right) = 0 \\ \text{für } X \subset \overline{\mathfrak{B}}'\ \overline{L}_x\left(\hat{\mathfrak{G}}(X, Y, c)\right) = 0 \end{array}\right. \quad \text{mit } \overline{XY} \neq 0\,.$$

[1]) X wird dabei durch die Koordinaten (u_{1x}, u_{2x}), Y wird dabei durch die Koordinaten (u_{1y}, u_{2y}) charakterisiert.

2. $\hat{\mathfrak{G}}(X, Y, c)$ läßt sich darstellen in der Form

$$\hat{\mathfrak{G}}(X, Y, c) = \begin{cases} \Gamma(X,Y) + U_1(X,Y,c) & \text{für } X, Y \subset \mathfrak{B}' \\ U_2(X,Y,c) & \text{für } X \subset \mathfrak{B}',\ Y \subset \overline{\mathfrak{B}}' \\ \overline{U}_1(X,Y,c) & \text{für } X \subset \overline{\mathfrak{B}}',\ Y \subset \mathfrak{B}' \\ \overline{\Gamma}(X,Y) + \overline{U}_2(X,Y,c) & \text{für } X, Y \subset \overline{\mathfrak{B}}', \end{cases}$$

wo Y stets im Innern von $\mathfrak{B}'$ bzw. $\overline{\mathfrak{B}}'$ liegen soll und $\Gamma(X, Y)$ bzw. $\overline{\Gamma}(X, Y)$ Grundlösungen mit $L_x(\Gamma) = 0$ bzw. $\overline{L}_x(\overline{\Gamma}) = 0$ sind. U_1, U_2, $\overline{U}_1$ und $\overline{U}_2$ sollen bei festgehaltenem Parameter c in allen inneren Punkten von $\mathfrak{B}'$ bzw. $\overline{\mathfrak{B}}'$ sowie auf $\mathfrak{C}'$ regulär-analytische Funktionen von (u_{1x}, u_{2x}) und (u_{1y}, u_{2y}) sein und den Gleichungen

$$L_x(U_1) = 0\,, \quad L_x(U_2) = 0\,, \quad \overline{L}_x(\overline{U}_1) = 0\,, \quad \overline{L}_x(\overline{U}_2) = 0$$

genügen; auf $\mathfrak{S}'$ seien die Normalenableitungen dieser Funktionen — soweit sie in $\mathfrak{B}'$ erklärt sind — stetig. (Die Existenz der obigen Grundlösungen ist ja bekanntlich von HOLMGREN bewiesen worden. Sie haben die Darstellung

$$\Gamma(X,Y) = -\frac{a(X,Y)}{4\pi D(X)} \log\left[(u_{1x} - u_{1y})^2 + (u_{2x} - u_{2y})^2\right] + U(X,Y)$$

bzw.

$$\overline{\Gamma}(X, Y) = -\frac{\overline{a}(X,Y)}{4\pi \overline{D}(X)} \log\left[(u_{1x} - u_{1y})^2 + (u_{2x} - u_{2y})^2\right] + \overline{U}(X,Y)$$

mit $a(X, X) = \overline{a}(X, X) = 1$ und Funktionen U und $\overline{U}$ von gleichen Regularitätseigenschaften wie U_1, U_2, $\overline{U}_1$ und $\overline{U}_2$.).

3. $\hat{\mathfrak{G}}(X, Y, c)$ erfüllt auf $\mathfrak{S}'$ bezüglich X die Randbedingungen

$$\hat{\mathfrak{G}}(X_{\mathfrak{S}'}, Y, c) = 0\,.$$

4. Ist Y ein beliebiger Punkt im Innern von $\mathfrak{B}'$ oder $\overline{\mathfrak{B}}'$, so gilt für alle Punkte $X_{\mathfrak{C}'}$ von $\mathfrak{C}'$ und alle inneren Punkte $X_{\mathfrak{B}'}$ von

$\mathfrak{B}'$ bzw. $X_{\overline{\mathfrak{B}}'}$ von $\overline{\mathfrak{B}}'$

$$\lim_{X_{\overline{\mathfrak{B}}'} \to X_{\mathfrak{C}'}} \widehat{\mathfrak{G}}(X,Y,c) = \vartheta(s|_{X_{\mathfrak{C}'}}, c) \lim_{X_{\mathfrak{B}'} \to X_{\mathfrak{C}'}} \widehat{\mathfrak{G}}(X,Y,c)$$

$$\lim_{X_{\mathfrak{B}'} \to X_{\mathfrak{C}'}} \Theta(\widehat{\mathfrak{G}}(X,Y,c)) + \vartheta(s|_{X_{\mathfrak{C}'}}, c) \lim_{X_{\overline{\mathfrak{B}}'} \to X_{\mathfrak{C}'}} \overline{\Theta}(\widehat{\mathfrak{G}}(X,Y,c)) = 0 .$$

Die Konstruktion der GREENschen Funktion $\widehat{\mathfrak{G}}(X,Y,c)$

Wir konstruieren zunächst ein Lösungspaar w, $\overline{w}$ zu den Differentialgleichungen

$$L(w) = 0 , \quad L(\overline{w}) = 0 ,$$

welches auf $\mathfrak{S}'$ und $\mathfrak{C}'$ den Bedingungen (62) und (63) genügt. Zuvor legen wir jedoch auf $\mathfrak{C}'$ und $\mathfrak{S}'$ eine Normierung des Randparameters s als Bogenlänge in folgender Form fest:

Auf $\mathfrak{S}'$ und $\mathfrak{C}'$ werde je ein beliebiger aber fester Punkt $A_{\mathfrak{S}'}$ bzw. $A_{\mathfrak{C}'}$ vorgegeben. Beide Punkte nehmen wir für jede Kurve als Anfangspunkt der Zählung der Bogenlänge im positiven Umlaufsinne. Ist l_1 der Umfang von $\mathfrak{S}'$, so zählen wir auf $\mathfrak{S}'$ die Bogenlänge s mod. (l_1). Ist entsprechend l_2 der Umfang von $\mathfrak{C}'$, so rechnen wir hier auf $\mathfrak{C}'$ die Bogenlänge s mod. $(2\, l_2)$; (weshalb es zweckmäßig ist, den Faktor „2" hier einzuführen, wird aus den weiteren Betrachtungen von S. 41 hervorgehen!). Als Grundlösungen zu $L(\cdots) = 0$ in $\mathfrak{B}'$ und zu $\overline{L}(\cdots) = 0$ in $\overline{\mathfrak{B}}'$ können wir in den „Variablen" X zu $\mathfrak{B}'$ bzw. $\overline{\mathfrak{B}}'$ stets Funktionen der Gestalt

$$\Gamma_0(X,Y) = -\frac{1}{\pi} \log(r) + U_0(X,Y) \quad \text{für} \quad X,Y \subset B'$$

$$\overline{\Gamma}_0(X,Y) = -\frac{1}{\pi} \log(r) + \overline{U}_0(X,Y) \quad \text{für} \quad X,Y \subset \overline{\mathfrak{B}}'$$

angeben, wo U_0 und $\overline{U}_0$ in ihren erklärten Bereichen regulär-analytische Funktionen sind und $r = \sqrt{(u_{1x} - u_{1y})^2 + (u_{2x} - u_{2y})^2}$ ist.

Indem wir Y als Randpunkt betrachten und damit auf $\mathfrak{S}'$ durch eine zweimal stetig differenzierbare Funktion von s, auf $\mathfrak{C}'$ sogar als regulär-analytische Funktion von s, dargestellt denken können, machen wir den Ansatz:

$$(65\text{a})\quad w(X) = \int\limits_0^{l_1} \frac{\partial \Gamma_0}{\partial n_s}(X, Y_{\mathfrak{S}'})\,\sigma(s)\,ds + \int\limits_{l_1}^{l_1+l_2} \frac{\partial \Gamma_0}{\partial n_s}(X, Y_{\mathfrak{C}'})\,\tau(s)\,ds + \int\limits_{l_1+l_2}^{l_1+2l_2} \Gamma_0(X, Y_{\mathfrak{C}'})\,\varrho(s)\,ds;$$

$$(65\text{b})\quad \overline{w}(X) = \int\limits_{l_1}^{l_1+l_2} \frac{\partial \overline{\Gamma}_0}{\partial \overline{n}_s}(X, Y_{\mathfrak{C}'})\,\tau(s)\,c\,ds + 2\int\limits_{l_1+l_2}^{l_1+2l_2} \overline{\Gamma}_0(X, Y_{\mathfrak{C}'})\,\varrho(s)\,c\,ds;$$

wo $\tau(s)$ für $l_1 \leqq s \leqq l_1 + l_2$, $\varrho(s)$ für $l_1 + l_2 \leqq s \leqq l_1 + 2\,l_2$ und $\sigma(s)$ für $0 \leqq s \leqq l_1$ noch zu bestimmende stetige Funktionen seien; c sei ein willkürlicher Parameter $\neq 0$.

Man erkennt sofort aus (65), daß dieses Lösungspaar w, $\overline{w}$ für alle X im Innern von $\mathfrak{B}'$ bzw. $\overline{\mathfrak{B}}'$ den Differentialgleichungen $L(w) = 0$ bzw. $\overline{L}(\overline{w}) = 0$ genügt, da die Grundlösungen Γ_0 bzw. $\overline{\Gamma}_0$ mit ihren Normalenableitungen bezüglich $Y(s)$ diese Gleichungen erfüllen.

Wir machen zunächst eine Annahme, die sich später auf Seite 42 rechtfertigen wird:

(66) $\left\{\right.$ $\sigma(s)$, $\tau(s)$ und $\varrho(s)$ sollen in ihren zugehörigen Intervallen stetige erste Ableitungen besitzen, die einer H-Bedingung mit dem Exponenten λ^* und $0 < \lambda^* < 1$ genügen.

Dann stellt das Integralgleichungssystem[1])

$$(67\text{a})\quad \left\{\begin{aligned} &\sigma(t) + \int\limits_0^{l_1} \frac{\partial \Gamma_0}{\partial n_s}(t, s)\,\sigma(s)\,ds + \int\limits_{l_1}^{l_1+l_2} \frac{\partial \Gamma_0}{\partial n_s}(t, s)\,\tau(s)\,ds \\ &+ \int\limits_{l_1+l_2}^{l_1+2l_2} \Gamma_0(t, s)\,\varrho(s)\,ds = \varphi_1(t) \\ &\qquad\qquad\qquad\qquad \text{für } 0 \leqq t \leqq l_1 \end{aligned}\right.$$

---

[1]) Die Argumente werden hier in vereinfachter Darstellung geschrieben; eigentlich müßte es natürlich heißen $\Gamma(X(t), Y(s))$ statt $\Gamma(t, s)$ usw.

$$(67\text{b})\quad\begin{cases} \tau(t)[c-\vartheta(t,c)]+\displaystyle\int_{l_1}^{l_1+l_2}\frac{\partial\overline{\Gamma}_0}{\partial\overline{n}_s}(t,s)\,\tau(s)\,c\,ds \\ \quad+2\displaystyle\int_{l_1+l_2}^{l_1+2l_2}\overline{\Gamma}_0(t,s)\,\varrho(s)\,c\,ds-\vartheta(t,c)\left\{\int_0^{l_1}\frac{\partial\Gamma_0}{\partial n_s}(t,s)\,\sigma(s)\,ds\right. \\ \quad\left.+\displaystyle\int_{l_1}^{l_1+l_2}\frac{\partial\Gamma_0}{\partial n_s}(t,s)\,\tau(s)\,ds+\int_{l_1+l_2}^{l_1+2l_2}\Gamma_0(t,s)\,\varrho(s)\,ds\right\}=\gamma_1(t) \\ \qquad\text{für } l_1\leqq t\leqq l_1+l_2 \end{cases}$$

$$(67\text{c})\quad\begin{cases} \displaystyle\int_0^{l_1}\Theta_t\left[\frac{\partial\Gamma_0}{\partial n_s}(t,s)\right]\sigma(s)\,ds+\int_{l_1+l_2}^{l_1+2l_2}\Theta_t\,[\Gamma_0(t,s)]\,\varrho(s)\,ds \\ \quad+\vartheta(t,c)\left\{2\displaystyle\int_{l_1+l_2}^{l_1+2l_2}\overline{\Theta}_t[\overline{\Gamma}_0(t,s)]\,\varrho(s)\,c\,ds\right\} \\ \quad-\varrho(t)\cdot[D(t)+2\,\vartheta(t,c)\,c\,\overline{D}(t)] \\ \quad+D(t)\displaystyle\lim_{X_{\mathfrak{B}'}\to X_{\mathfrak{C}'(t)}}\frac{1}{\pi}\frac{\partial}{\partial n_t}\int_{l_1}^{l_1+l_2}\frac{\partial\log\left(\frac{1}{r}\right)}{\partial n_s}\tau(s)\,ds \\ \quad+D(t)\displaystyle\int_{l_1}^{l_1+l_2}\frac{\partial^2 U_0}{\partial n_s\,\partial n_t}\tau(s)\,ds \\ \quad+c\,\overline{D}(t)\displaystyle\lim_{X_{\overline{\mathfrak{B}}'}\to X_{\mathfrak{C}'(t)}}\vartheta(t,c)\frac{1}{\pi}\frac{\partial}{\partial\overline{n}_t}\int_{l_1}^{l_1+l_2}\frac{\partial\log\left(\frac{1}{r}\right)}{\partial\overline{n}_s}\tau(s)\,ds \\ \quad+c\,\vartheta(t,c)\,\overline{D}(t)\displaystyle\int_{l_1}^{l_1+l_2}\frac{\partial^2\overline{U}_0}{\partial\overline{n}_s\,\partial\overline{n}_t}\tau(s)\,ds=\gamma_2(t) \\ \qquad\text{für } l_1+l_2\leqq t\leqq l_1+2\,l_2 \end{cases}$$

wegen (66) gerade die Forderung an (65) dar, daß die Rand- und Kopplungsbedingungen (62) auf $\mathfrak{S}'$ und $\mathfrak{C}'$ von w, $\overline{w}$ angenommen werden, indem man die Sprungrelationen des Potentials der einfachen und der doppelten Belegung berücksichtigt. Die Existenz der in (67) auftretenden Grenzwerte ist auf Grund unserer Annahme (66) nach [37] S. 628—631 gewährleistet; wir erhalten dann in unserem Fall

$$\lim_{x_{\mathfrak{B}'}\to x_{\mathfrak{C}'(t)}} \frac{\partial}{\partial n_t} \int_{l_1}^{l_1+l_2} \frac{\partial \log\left(\frac{1}{r}\right)}{\partial n_s} \tau(s)\, ds$$

$$= \int_{l_1}^{l_1+l_2} [\tau(s) - \tau(t)] \frac{[\cos(\mathfrak{n}_s, \mathfrak{n}_t) - \cos(\mathfrak{r}_{st}, \mathfrak{n}_s)\, 2\cos(\mathfrak{r}_{st}, \mathfrak{n}_t)]}{r_{st}^2}\, ds\,.$$

Den gleichen Grenzwert erhalten wir auch für

$$\lim_{x_{\overline{\mathfrak{B}}'}\to x_{\mathfrak{C}'(t)}} \frac{\partial}{\partial \bar{n}_t} \int_{l_1}^{l_1+l_2} \frac{\partial \log\left(\frac{1}{r}\right)}{\partial \bar{n}_s} \tau(s)\, ds\,.$$

wegen der Stetigkeit der Normalenableitungen des Potentials der Doppelbelegung.

Für die Untersuchung dieses Integralgleichungssystems (67) sind jedoch diese zuletzt angeführten Terme mit den stark singulären Kernbestandteilen

$$\frac{[\cos(\mathfrak{n}_s, \mathfrak{n}_t) - 2\cos(\mathfrak{r}_{st}, \mathfrak{n}_s)\cos(\mathfrak{r}_{st}, \mathfrak{n}_t)]}{r_{st}^2}$$

außerordentlich störend; durch die Voraussetzung (63) heben sie sich jedoch in (67) auf. Aus dem gleichen Grunde sind auch die Faktoren $[c - \vartheta(t, c)]$ vor $\tau(t)$ in (67b) und $[D(t) + 2\,\vartheta(t, c)\, c\bar{D}(t)]$ vor $\varrho(t)$ in (67c) in keinem Punkte von $\mathfrak{C}'$ gleich Null; wir können deshalb die entsprechenden Gleichungen in (67) durch diese Faktoren dividieren.

Setzen wir dann

$$
\text{(68a)}\quad \begin{cases} z(t) = \begin{cases} \sigma(t) \text{ für } 0 \leqq t \leqq l_1 \\ \tau(t) \quad ,, \quad l_1 \leqq t \leqq l_1 + l_2 \\ \varrho(t) \quad ,, \quad l_1 + l_2 \leqq t \leqq l_1 + 2\,l_2 \end{cases} \\[2ex] f(t, c) = \begin{cases} \varphi_1(t) \\ \gamma_1(t)/(c - \vartheta(t, c)) \\ \gamma_2(t)/-(D(t) + 2\,\vartheta(t, c)\,c\,D(t)) \end{cases} \end{cases}
$$

(wobei die Aufspaltung von $f(t, c)$ sich auf die gleichen Intervalle bezieht), so erhalten wir die zum System (67) äquivalente Integralgleichung

$$
\text{(68b)}\qquad z(t) + \int_0^{l_1+2l_2} K(t, s, c)\, z(s)\, ds = f(t, c)
$$

$$
\text{für } 0 \leqq t \leqq l_1 + 2\,l_2\,,
$$

wo $K(t, s, c)$ sich aus den einzelnen Kernbestandteilen zu (67) zusammensetzt. $K(t, s, c)$ und $f(t, c)$ sind für $s \neq t$ und $c \neq 0$ regulär-analytische Funktionen des Parameters c.

Die singulären Anteile zu $K(t, s, c)$ sind nach (67) vom Typ $\log (1/r_{st})$, alle anderen Terme sind beschränkt und stetig auf Grund der Eigenschaften von $\mathfrak{S}'$ und $\mathfrak{C}'$ und der Tatsache, daß $\mathfrak{S}'$ und $\mathfrak{C}'$ keine gemeinsamen Punkte besitzen. Infolge dieser Feststellung ist bereits der zweite iterierte Kern K_2 zu (68b) überall beschränkt und in allen Teilintervallen zu (68a) sogar stetig[1]), so daß diese gleichen Eigenschaften in diesen Teilbereichen auch die Lösungen von (68b) besitzen. Damit sind zugleich auf die durch einmaligen Iterationsprozeß aus (68b) hervorgehende Integralgleichung die Fredholmschen Sätze anwendbar.

Da die Lösungen von (68b) bzw. (67) als stetig innerhalb ihrer Teilintervalle erkannt worden sind, können wir aus den Betrachtungen des Systems (67) weiter ersehen, daß $\sigma(s)$, $\tau(s)$ und $\varrho(s)$ in ihren Intervallen sogar einer H-Bedingung mit den Exponenten λ und $1 > \lambda > 1/2$ genügen ($\lambda > 1/2$ deshalb, da wir stetige

[1]) Vgl. z. B. [38] S. 296/97.

Krümmung für $\mathfrak{S}'$ und $\mathfrak{C}'$ voraussetzen). Diese Tatsache folgt unmittelbar aus den Eigenschaften des Potentials der einfachen und der doppelten Belegung bei stetiger Belegungsdichte (vgl. [37] S. 612 und [34] S. 85).

(69) Aus der Tatsache, daß $\sigma(s)$, $\tau(s)$ und $\varrho(s)$ sogar λ-stetig sind, schließen wir aus (67) weiter, daß sogar die Ableitungen erster Ordnung von diesen Funktionen existieren und selbst eine H-Bedingung mit dem Exponenten $\lambda^* = (2\lambda - 1)$ erfüllen.

Der Beweis dieser Aussage folgt einesteils aus den potentialtheoretischen Untersuchungen von Schauder (vgl. [37] Hilfssatz IX und X von S. 615 bzw. 616) für das Potential der Doppelbelegung, dessen erste Ableitungen auf der Berandung einer H-Bedingung mit dem Exponenten $(2\lambda - 1)$ genügen. Andererseits folgt nach Lichtenstein (vgl. [34] S. 85 bzw. [33]) für das Potential der einfachen Schicht unter den gleichen Bedingungen die Existenz dessen Ableitung und deren λ-Stetigkeit.

Damit geht aus (67) direkt hervor, daß die ersten Ableitungen von $\sigma(s)$, $\tau(s)$ und $\varrho(s)$ einer H-Bedingung mit dem Exponenten $\lambda^* = \text{Min.}\,(2\lambda - 1;\ \lambda) = 2\lambda - 1$ genügen, womit die Behauptung (69) bewiesen ist.

Schließlich ist nach der Fredholmschen Theorie der lösende Kern der Integralgleichung (68b) eine stetige Funktion von c, so daß auch σ, τ und ϱ stetig in c sind.

Aus (69) ergibt sich, daß die Annahme (66) berechtigt war: indem wir also umgekehrt vom Integralgleichungssystem (67) ausgehen, erhalten wir Lösungen σ, τ und ϱ für die (69) erfüllt ist. Setzen wir diese Lösungen $\sigma(s)$, $\tau(s)$ und $\varrho(s)$ in (65) ein, so erhalten wir ein Lösungspaar w, $\overline{w}$, das den vorgeschriebenen Rand- und Kopplungsbedingungen (62) genügt.

Wir müssen lediglich gemäß der Fredholmschen Theorie noch untersuchen, ob zu (67) das homogene Problem (d. h. der Fall $\varphi_1 = \gamma_1 = \gamma_2 = 0$) nichttriviale Lösungen besitzt. – Diese Frage wird leicht mit Hilfe der Greenschen Sätze beantwortet werden können; bekanntlich lauten diese

$$(70) \quad \int_T (w_1 L(w_2) - w_2 L(w_1))\, du_1 du_2 = -\int_{\mathfrak{R}} D\left(w_1 \frac{\partial w_2}{\partial n} - w_2 \frac{\partial w_1}{\partial n}\right) ds$$

$$(70') \quad \int_T L(w_1) w_2\, du_1 du_2 + \int_T (D w_{1\,u_\alpha} w_{2\,u_\alpha} - q\, w_1 w_2)\, du_1 du_2$$

$$= -\int_{\mathfrak{R}} D \frac{\partial w_1}{\partial n} w_2\, ds,$$

wenn im Inneren von T w_1 und w_2 zweimal stetig differenzierbar sind, auf dem Rand $\mathfrak{R}$ von T stetige Normalenableitungen besitzen und in $T + \mathfrak{R}$ stetig sind.

$w(X)$ und $\overline{w}(X)$ von (65) erfüllen aber diese Voraussetzungen, da bei λ^*-stetig differenzierbaren Belegungsdichten sowohl das Potential der einfachen Belegung als auch das der Doppelbelegung stetige Normalenableitungen, ja sogar stetige erste Ableitungen nach allen Richtungen in $\mathfrak{B}'$ bzw. $\overline{\mathfrak{B}}'$ besitzen. Zum anderen verhalten sich die zweiten Ableitungen von $w(X)$ und $\overline{w}(X)$ in allen inneren Punkten von $\mathfrak{B}' + \overline{\mathfrak{B}}'$, also auch auf $\mathfrak{C}'$, stetig [1]).

(71) Beh.: Ist auf $\mathfrak{C}'$ die Bedingung (63) erfüllt, so existiert bei fest vorgegebenen Rand- und Kopplungsbedingungen mit festem Parameter c stets genau ein Lösungspaar $w(X, c)$, $\overline{w}(X, c)$ mit $L(w) = 0$, $\overline{L}(\overline{w}) = 0$ zu $\mathfrak{B}' + \overline{\mathfrak{B}}'$ und damit eine GREENsche Funktion $\hat{\mathfrak{G}}(X, Y, c)$, welche im Innern von $\mathfrak{B}' + \overline{\mathfrak{B}}'$ [2]) ungleich Null ist und stetig vom Parameter c abhängt.

Bew.:

Angenommen: es existierte unter den Voraussetzungen von (71) ein nichttriviales Lösungspaar bei homogenen Rand- und

[1]) Vgl. [15] S. 209.

[2]) Abgesehen von isolierten Punkten.

Kopplungsbedingungen zu $L(\ldots) = 0$ bzw. $\bar{L}(\ldots) = 0$ (d. h. $\gamma_1 = \gamma_2 = \varphi_1 = 0$), dann würde nach (70′) für $\mathfrak{B}' + \bar{\mathfrak{B}}'$ gelten

$$\int\limits_{\mathfrak{B}'} L(w)\, w\, du_1\, du_2 + \int\limits_{\bar{\mathfrak{B}}'} \bar{L}(\bar{w})\, \bar{w}\, du_1\, du_2 + \int\limits_{\mathfrak{B}'} (D w_{u_\alpha}\, w_{u_\alpha} - q\, w^2)\, du_1\, du_2$$

$$+ \int\limits_{\bar{\mathfrak{B}}'} (\bar{D}\, \bar{w}_{u_\alpha}\, \bar{w}_{u_\alpha} - \bar{q}\, \bar{w}^2)\, du_1\, du_2$$

$$= -\int\limits_{\mathfrak{S}'} D \frac{\partial w}{\partial n}\, w\, ds - \int\limits_{\mathfrak{C}'} \left(D \frac{\partial w}{\partial n}\, w + \bar{D} \frac{\partial \bar{w}}{\partial \bar{n}}\, \bar{w} \right) ds\,.$$

Die Integrale auf der rechten Seite dieser Gleichung verschwinden auf Grund unserer Annahmen. Folglich müßte wegen $L(w) = 0$ und $\bar{L}(\bar{w}) = 0$ gelten:

$$\int\limits_{\mathfrak{B}'} \left(D w_{u_\alpha}\, w_{u_\alpha} - q\, w^2\right) du_1\, du_2 + \int\limits_{\bar{\mathfrak{B}}'} \left(\bar{D} \bar{w}_{u_\alpha}\, \bar{w}_{u_\alpha} - \bar{q}\, \bar{w}^2\right) du_1\, du_2 = 0\,.$$

Auf der linken Seite dieser Gleichung stehen wegen $q < 0$ und $\bar{q} < 0$ nur positive Größen, die nur dann verschwinden, wenn $\bar{w} = w \equiv 0$ ist; d.h., es wäre nur die triviale Lösung $w = \bar{w} \equiv 0$ des homogenen Problems möglich im Widerspruch zur Annahme.

Infolgedessen hat das inhomogene Integralgleichungssystem (67) nach FREDHOLM stets genau eine Lösung; d. h. unser Randwertproblem zu $L(w) = 0$, $\bar{L}(\bar{w}) = 0$ mit den Bedingungen (62) ist stets eineindeutig lösbar. Die Lösungen sind in allen inneren Punkten von $\mathfrak{B}'$ bzw. $\bar{\mathfrak{B}}'$ und auch auf $\mathfrak{C}'$ regulär-analytisch, sofern $\gamma_1(s)$ und $\gamma_2(s)$ auf $\mathfrak{C}'$ regulär-analytische Funktionen von s sind; auf $\mathfrak{S}'$ sind die Normalenableitungen dieser Lösungen stetig.

Aus diesen Betrachtungen folgt aber nun unmittelbar die Existenz der GREENschen Funktion $\hat{\mathfrak{G}}(X, Y, c)$. Unter Beachtung der Erklärung (64) setzen wir

für Y im Innern von $\mathfrak{B}'$:
$$\begin{aligned}\varphi_1(s) &= -\,\Gamma(X_{\mathfrak{S}'}(s), Y)\\ \gamma_1(s) &= \vartheta(s, c)\, \Gamma(X_{\mathfrak{C}'}(s), Y)\\ \gamma_2(s) &= -\,\Theta_{X_{\mathfrak{C}'}(s)}\left(\Gamma(X, Y)\right)\end{aligned}$$

und gewinnen (in der Bezeichnungsweise von (64)) das Lösungspaar $U_1(X, Y, c)$; $\overline{U}_1(X, Y, c)$.

Ganz entsprechend dem Vorhergehenden setzen wir

für Y im Inneren von $\overline{\mathfrak{B}}'$: $\varphi_1(s) \equiv 0$

$$\gamma_1(s) = -\overline{\Gamma}(X_{\mathfrak{C}'}(s), Y)$$

$$\gamma_2(s) = -\vartheta(s, c) \cdot \overline{\Theta}_{X_{\mathfrak{C}'}(s)}\left(\overline{\Gamma}(X, Y)\right)$$

und gewinnen das Lösungspaar $U_2(X, Y, c)$, $\overline{U}_2(X, Y, c)$.

Nach (64) ist damit die GREENsche Funktion $\hat{\mathfrak{G}}(X, Y, c)$ eindeutig bestimmt; da sie eine regulär-analytische Funktion für $X \neq Y$ im Innern von $\mathfrak{B}' + \overline{\mathfrak{B}}'$ ist bezüglich X (bei festem Y und c) — abgesehen von der Sprungrelation auf $\mathfrak{C}'$ — kann $\hat{\mathfrak{G}}(X, Y, c)$ im Innern des Gesamtbereiches $\mathfrak{B}' + \overline{\mathfrak{B}}'$ nur isolierte Nullstellen besitzen. Würde $\hat{\mathfrak{G}}(X, Y, c)$ längs einer geschlossenen Kurve im Inneren von $\mathfrak{B}' + \overline{\mathfrak{B}}'$ verschwinden, so hätten wir in einem Teilbereich von $\mathfrak{B}' + \overline{\mathfrak{B}}'$ eine reguläre Lösung unseres homogenen gekoppelten Randwertproblems gefunden, das könnte aber nach den obigen Betrachtungen nur die triviale Nullösung sein, was jedoch im Widerspruch zur Eigenschaft von $\hat{\mathfrak{G}}(X, Y, c)$ steht; also ist[1]) $\hat{\mathfrak{G}}(X, Y, c) \neq 0$ im Innern von $\mathfrak{B}' + \overline{\mathfrak{B}}'$. Aus der stetigen Abhängigkeit der Belegungsdichten σ, τ und ϱ (vgl. S. 42) in bezug auf den Parameter c folgt schließlich, daß auch die Funktionen w und $\overline{w}$ von (65), bzw. U_1, $\overline{U}_1$, U_2 und $\overline{U}_2$ und damit $\hat{\mathfrak{G}}(X, Y, c)$ stetige Funktionen von c sind. q. e. d. .

Aus ganz analogen Betrachtungen zu dem früher behandelten Fall $n = 2$ von § 3 folgt auch hier unter Benutzung der GREENschen Formel (70) die Symmetrie der GREENschen Funktion, d. h.

$$\hat{\mathfrak{G}}(X, Y, c) = \hat{\mathfrak{G}}(Y, X, c) \tag{72}$$

für alle inneren Punkte X, Y von $\mathfrak{B}'$ bzw. $\overline{\mathfrak{B}}'$.

Auf eine Beweisführung dieser Aussage können wir aus Gründen der Analogie zu früheren Untersuchungen hier verzichten.

---
[1]) Bis auf isolierte Punkte.

Wir nehmen nunmehr an $w(Y)$ und $\overline{w}(Y)$ seien ein Lösungspaar des gekoppelten Randwertproblems (61/61'/62) bei festem Parameter c und μ mit $\varphi_1 \equiv 0$, $\gamma_1 = \gamma_2 \equiv 0$.

Wir führen die Bezeichnungsweise ein

$$\hat{w}(Y) = \begin{cases} w(Y) & \text{für } Y \subset \mathfrak{B}' \\ \overline{w}(Y) & \text{für } Y \subset \overline{\mathfrak{B}}', \end{cases}$$

und ganz entsprechend definieren wir $\hat{\varkappa}(Y)$, $\hat{q}(Y)$ und $\hat{D}(Y)$. Ist X z. B. ein Punkt im Innern von $\mathfrak{B}'$, so gilt nach (70)

$$(73)\quad \left\{ \begin{aligned} &\mu \cdot \int\limits_{\mathfrak{B}'+\overline{\mathfrak{B}}'-K_\varrho} \hat{\mathfrak{G}}(X, Y, c)\, \hat{w}(Y)\, du_1\, du_2 \\ &= -\oint\limits_{S_\varrho} D\left(w \frac{\partial \hat{\mathfrak{G}}}{\partial n} - \hat{\mathfrak{G}} \frac{\partial w}{\partial n}\right) ds - \int\limits_{\mathfrak{S}'} D\left(w \frac{\partial \hat{\mathfrak{G}}}{\partial n} - \hat{\mathfrak{G}} \frac{\partial w}{\partial n}\right) ds \\ &\quad - \int\limits_{\mathfrak{C}'} D\left(w \left.\frac{\partial \hat{\mathfrak{G}}}{\partial n}\right|_{\mathfrak{B}'} - \hat{\mathfrak{G}}(X, Y_{\mathfrak{B}'}, c) \frac{\partial w}{\partial n}\right) \\ &\quad + \overline{D}\left(\overline{w} \left.\frac{\partial \hat{\mathfrak{G}}}{\partial \overline{n}}\right|_{\overline{\mathfrak{B}}'} - \hat{\mathfrak{G}}(X, Y_{\overline{\mathfrak{B}}'}, c) \frac{\partial \overline{w}}{\partial \overline{n}}\right) ds, \end{aligned} \right.$$

wo K_ϱ einen kleinen Kreis mit dem Radius ϱ um X darstelle[1]). In (73) verschwinden auf Grund der Voraussetzungen an $\hat{w}(Y)$ und der Eigenschaften von $\hat{\mathfrak{G}}(X, Y, c)$ die Ausdrücke zum Integral über $\mathfrak{S}'$.

Nun ist

$$\lim_{\varrho \to 0} \oint\limits_{S_\varrho} D\left(w \frac{\partial \hat{\mathfrak{G}}}{\partial n} - \hat{\mathfrak{G}} \frac{\partial w}{\partial n}\right) ds = -\, w(X),$$

und nach (64; 4) ist die dritte und vierte Zeile von (73) gleich

$$\begin{aligned} &-\int\limits_{\mathfrak{C}'} w\left(D \left.\frac{\partial \hat{\mathfrak{G}}}{\partial n}\right|_{\mathfrak{B}'} + \vartheta(s, c)\, \overline{D} \left.\frac{\partial \hat{\mathfrak{G}}}{\partial \overline{n}}\right|_{\overline{\mathfrak{B}}'}\right) \\ &\quad - \hat{\mathfrak{G}}(X, Y_{\mathfrak{B}'}, c)\left(D \frac{\partial w}{\partial n} + \vartheta(s, c)\, D \cdot \frac{\partial w}{\partial \overline{n}}\right) ds = 0\,. \end{aligned}$$

---

[1]) S_ϱ ist die Peripherie von K_ϱ.

Also folgt schließlich nach Ausführung des Grenzüberganges $\varrho \to 0$ aus (73):

$$(74)\qquad \widehat{w}(X) = \mu \cdot \int\limits_{\mathfrak{B}' + \overline{\mathfrak{B}}'} \widehat{\mathfrak{G}}(X, Y, c)\, \widehat{w}(Y)\, du_1\, du_2 .$$

Umgekehrt stellt eine Lösung der Integralgleichung (74) zugleich eine Lösung des Problems (61/61'/62) mit $\varphi_1 \equiv 0$, $\gamma_1 = \gamma_2 = 0$, d. h. bei homogenen Rand- und Kopplungsbedingungen, dar. Der Beweis hierzu wird analog zum Falle $n = 2$ von § 3 geführt und bedarf deshalb hier keiner besonderen Ausführung.

Nach einer Iteration erhalten wir aus (74) eine Integralgleichung mit einem bezüglich $\mathfrak{C}'$ stückweise stetigen, symmetrischen und im Innern von $\mathfrak{B}' + \overline{\mathfrak{B}}'$ nicht verschwindenden Kern $K_2(X, Y, c)$. Insbesondere werden damit auf diese iterierte Integralgleichung zu (74) die FREDHOLMschen Sätze anwendbar; unter Berücksichtigung der Symmetrie von $K_2(X, Y, c)$ ergeben sich analog zum Fall $n = 2$ [vgl. (49), (50) und (51)] die folgenden Sätze:

(75a) 1. Die Integralgleichung (74) bzw. das homogene gekoppelte Randwertproblem zu (61/61'/62) hat unendlich viele Eigenwerte $\mu_j(c)$ $(j = 1, 2 \ldots)$; diese Eigenwerte sind alle positiv und stetige Funktionen von c.

(75b) 2. Die unendliche Reihe $\sum\limits_{j=1}^{\infty} \frac{1}{\mu_j(c)^2}$ konvergiert.

(75c) 3. Es sei $\widehat{w}_j(u_\alpha, c)$ die zu $\mu_j(c)$ gehörige normierte Eigenfunktion von (74) bzw. des homogenen Problems zu (61/61'/62); ist $\widehat{w}(u_\alpha)$ irgendeine in $\mathfrak{B}' + \overline{\mathfrak{B}}'$ stückweise stetige Funktion, so gilt

$$\int\limits_{\mathfrak{B}' + \overline{\mathfrak{B}}'} \widehat{w}^2(u_\alpha)\, du_1\, du_2 = \sum_{j=1}^{\infty} \Bigl(\int\limits_{\mathfrak{B}' + \overline{\mathfrak{B}}'} \widehat{w}(u_\alpha)\, \widehat{w}_j\, (u_\alpha, c)\, du_1\, du_2 \Bigr)^2 .$$

Die Beweisführung dieser Aussagen (75) kann unmittelbar den entsprechenden Abschnitten des § 3 entnommen werden, so daß wir an dieser Stelle auf eine nähere Darlegung verzichten können.

§ 5

Die Übertragung einer Lichtensteinschen Methode auf gekoppelte Randwertprobleme

Im vorliegenden Paragraphen werden die von Lichtenstein in [31] gegebenen Untersuchungen, die als Ausgangspunkt für eine Reihenentwicklung der zweiten Variation bei gewöhnlichen Variationsproblemen mit nicht geknickten Extremalen betrachtet werden können (vgl. [28], [29], [30]!), auf allgemeinere gekoppelte Randwertprobleme (52—53') ausgedehnt.

Wir werden dabei im wesentlichen den Fall $n = 3$ ins Auge fassen, können dann freilich mühelos auch auf $n = 2$ unsere Ergebnisse übertragen.

Wir stellen zunächst, ergänzend zu den Ergebnissen (75) (als auch (51)), die folgenden Sätze auf:

Beh.: Es sei $w^*(u_\alpha)$ irgendeine in $\mathfrak{B}'$, $\overline{\mathfrak{B}}'$ nebst ihren partiellen Ableitungen erster Ordnung stetige und in bezug auf ihre partiellen Ableitungen zweiter Ordnung stückweise stetige, auf $\mathfrak{C}'$ der Beziehung $H(w^*, \vartheta(s, c)) = 0$ und $\overline{w}^* - \vartheta(s, c)\, w^* = 0$, auf $\mathfrak{S}'$ der Relation $w^* = 0$ genügende Funktion; dann gilt:

$$(76)\quad \int\limits_{\mathfrak{B}'+\overline{\mathfrak{B}}'} (\hat{L}(w^*))^2 du_1 du_2 = \sum_{j=1}^{\infty} \mu_j(c)^2 \Bigl(\int\limits_{\mathfrak{B}'+\overline{\mathfrak{B}}'} w^* \hat{w}_j(c) du_1 du_2 \Bigr)^2$$ [1])

Bew.: Nach (75c) ist

$$(77)\qquad \int\limits_{\mathfrak{B}'+\overline{\mathfrak{B}}'} (\hat{L}(w^*))^2 du_1\, du_2 = \sum_{j=1}^{\infty} \{ \int\limits_{\mathfrak{B}'+\overline{\mathfrak{B}}'} \hat{L}(w^*) \hat{w}_j(u_\alpha, c)\, du_1\, du_2\}^2 .$$

Nach (70) andererseits ist unter Beachtung der Definition von $H(w^*, \vartheta(s, c))$ (vgl. (62))

$$\int\limits_{\mathfrak{B}'+\overline{\mathfrak{B}}'} [\hat{L}(w^*)\, \hat{w}_j(c) - w^* \hat{L}(\hat{w}_j(c))]\, du_1\, du_2$$
$$= - \int\limits_{\mathfrak{C}'} \hat{w}_j(c)\, H(w^*, \vartheta(s, c)) - w^* H(\hat{w}_j, \vartheta(s, c))\, ds = 0;$$

---

[1]) $\hat{L}(\ldots)$ ist hierbei genau so aufzufassen wie $\hat{D}$ und $\hat{\varkappa}$ von S. 46; die Argumente „u_α" werden in der Bezeichnung bei $\hat{w}_j(u_\alpha, c)$ unterdrückt.

also gilt mit (77) wegen $\hat{L}(\hat{w}_j(c)) + \mu_j(c)\,\hat{w}_j = 0$:

$$\int_{\mathfrak{B}'+\bar{\mathfrak{B}}'} (\hat{L}(w^*))^2\, du_1\, du_2 = \sum_{j=1}^{\infty} \Big\{ \int_{\mathfrak{B}'+\bar{\mathfrak{B}}'} \hat{L}(\hat{w}_j\,(c))\, w^*\, du_1\, du_2 \Big\}^2$$

$$= \sum_{j=1}^{\infty} \mu_j^2(c) \Big(\int_{\mathfrak{B}'+\bar{\mathfrak{B}}'} w^*\, \hat{w}_j(c)\, du_1\, du_2 \Big)$$

q. e. d..

Beh.: Ist $w^*(u_\alpha)$ eine Funktion der gleichen Art wie in (76), so gilt:

$$(78) \qquad \int_{\mathfrak{B}'+\bar{\mathfrak{B}}'} \Big[\hat{D}\Big(\frac{\partial w^*}{\partial u_\alpha} \frac{\partial w^*}{\partial u_\alpha} \Big) - \hat{q}\, w^{*2} \Big] du_1\, du_2$$

$$= \sum_{j=1}^{\infty} \mu_j(c) \Big(\int_{\mathfrak{B}'+\bar{\mathfrak{B}}'} w^*\, \hat{w}_j(c)\, du_1\, du_2 \Big)^2.$$

Bew.: Nach (70') ist

$$\int_{\mathfrak{B}'+\bar{\mathfrak{B}}'} \Big[\hat{D}\Big(\frac{\partial w^*}{\partial u_\alpha} \frac{\partial w^*}{\partial u_\alpha} \Big) - \hat{q} w^{*2} \Big] du_1\, du_2 = - \int_{\mathfrak{B}'+\bar{\mathfrak{B}}'} [\hat{L}(w^*)\, w^*]\, du_1\, du_2$$

$$- \int_{\mathfrak{C}'} w^*\, H(w^*, \vartheta(s, c))\, ds\,;$$

wegen $H(w^*, \vartheta(s, c)) = 0$ ist die rechte Seite der letzten Gleichung nach der verallgemeinerten Vollständigkeitsrelation (vgl. [38] S. 17!) gleich

$$- \sum_{j=1}^{\infty} \Big[\int_{\mathfrak{B}'+\bar{\mathfrak{B}}'} \hat{L}(w^*)\, \hat{w}_j(c)\, du_1\, du_2 \Big] \Big[\int_{\mathfrak{B}'+\bar{\mathfrak{B}}'} w^*\, \hat{w}_j(c)\, du_1\, du_2 \Big],$$

und nach (70)

$$= - \sum_{j=1}^{\infty} \Big(\int_{\mathfrak{B}'+\bar{\mathfrak{B}}'} w^* \hat{L}\,(\hat{w}_j(c))\, du_1\, du_2 \Big) \Big(\int_{\mathfrak{B}'+\bar{\mathfrak{B}}'} w^*\, \hat{w}_j(c)\, du_1\, du_2 \Big)$$

$$= \sum_{j=1}^{\infty} \mu_j(c) \Big(\int_{\mathfrak{B}'+\bar{\mathfrak{B}}'} w^*\, \hat{w}_j(c)\, du_1\, du_2 \Big);$$

q. e. d..

(78') Beh.: Es sei $w^*(u_\alpha)$ irgendeine in $\mathfrak{B}'$ und $\overline{\mathfrak{B}}'$ nebst ihren partiellen Ableitungen erster und zweiter Ordnung stetige Funktion[1]), deren zweite Ableitungen im Innern dieser Bereiche einer H-Bedingung mit dem Exponenten λ^* $(0 < \lambda^* < 1)$ genügen. Auf $\mathfrak{C}'$ sei die Sprungrelation $\overline{w}^* - \vartheta(s, c)\, w^* = 0$, auf $\mathfrak{S}'$ $w^* = 0$ erfüllt; dann gilt für diese Funktion ebenfalls die Relation (78).

Bew.: Zum Beweise dieser Aussage beachten wir zunächst den folgenden Hilfssatz[2]):

(79) Man kann in unendlich mannigfaltiger Weise eine Folge in $\mathfrak{B}'$ bzw. $\overline{\mathfrak{B}}'$ analytischer und regulärer, der Beziehung $\frac{\partial w^{(m)}}{\partial n} = \frac{\partial \overline{w}^{(m)}}{\partial \overline{n}} = 0$ auf $\mathfrak{C}'$ genügender Funktionen $w^{(m)}$ $(m = 1, 2 \ldots)$ angeben, die folgende Eigenschaften haben:

Ist $v(u_\alpha)$ eine in $\mathfrak{B}'$ und $\overline{\mathfrak{B}}'$ stetig differenzierbare Funktion, die auf $\mathfrak{S}'$ gleich Null ist und auf $\mathfrak{C}'$ der Sprungrelation $\overline{v} - \vartheta(s, c)\, v = 0$, bei festem Wert c, genügt, so gilt

1. In $\mathfrak{B}'$ und $\overline{\mathfrak{B}}'$ ist gleichmäßig $\lim\limits_{m \to \infty} w^{(m)} = v$.
2. In jedem Bereich ganz innerhalb von $\mathfrak{B}'$ bzw. $\overline{\mathfrak{B}}'$ ist gleichmäßig
$$\lim_{m \to \infty} \frac{\partial w^{(m)}}{\partial u_\alpha} = \frac{\partial v}{\partial u_\alpha} \qquad (\alpha = 1, 2)\,.$$
3. Die Funktionen $\frac{\partial w^{(m)}}{\partial u_\alpha}$ $(\alpha = 1, 2)$ sind gleichmäßig beschränkt.

Der Beweis dieses Hilfssatzes wird genauso geführt wie in der zitierten Arbeit von LICHTENSTEIN (vgl. Fußnote[2])!), lediglich mit dem Unterschied, daß für jeden Bereich $\mathfrak{B}'$ bzw. $\overline{\mathfrak{B}}'$ die dort angegebenen Betrachtungen einzeln auszuführen sind; wir können deshalb auf eine nähere Beweisführung hier verzichten.

[1]) Es genügt sogar, daß die zweiten Ableitungen nur im Innern von $\mathfrak{B}'$ bzw. $\overline{\mathfrak{B}}'$ existieren!

[2]) Vgl. [31] S. 153.

Wenden wir nun diesen Hilfssatz an indem wir an Stelle von $v(u_\alpha)$ die Funktion $w^*(u)$ von (78′) einsetzen, so ersieht man sehr leicht aus der Konstruktion der Folge $w^{(m)}$ nach LICHTENSTEIN, daß für jeden ganz im Innern von $\mathfrak{B}'$ bzw. $\overline{\mathfrak{B}}'$ gelegenen Bereich auf Grund der λ^*-Stetigkeit der zweiten Ableitungen von w^* gleichmäßig gilt:

$$\lim_{m\to\infty} \frac{\partial w^{(m)}}{\partial u_\alpha\, \partial u_\beta} = \frac{\partial w^*}{\partial u_\alpha\, \partial u_\beta} \qquad \alpha, \beta = 1, 2\,. \tag{80}$$

Analog zu dem Beweis von (78) ergibt sich dann für alle $m = 1, 2 \ldots$, wegen $\frac{\partial w^{(m)}}{\partial n} = \frac{\partial \overline{w}^{(m)}}{\partial \overline{n}} = 0$ auf $\mathfrak{C}'$, nach (70′)

$$\left\{\begin{aligned}
&\int\limits_{\mathfrak{B}'+\overline{\mathfrak{B}}'} \left[\widehat{D}\, \frac{\partial w^{(m)}}{\partial u_\alpha} \frac{\partial w^{(m)}}{\partial u_\alpha} - \dot{q}\, w^{(m)^2}\right] du_1\, du_2 \\
&\quad = - \int\limits_{\mathfrak{B}'+\overline{\mathfrak{B}}'} \widehat{L}\,(w^{(m)})\, w^{(m)}\, du_1\, du_2 - \int\limits_{\mathfrak{C}'} D w^{(m)} \cdot \frac{\partial w^{(m)}}{\partial n}\, ds \\
&\quad = - \sum_{j=1}^{\infty} \left[\int\limits_{\mathfrak{B}'+\overline{\mathfrak{B}}'} \widehat{L}\,(w^{(m)})\, \widehat{w}_j(c)\, du_1\, du_2\right] \\
&\qquad\quad \times \left[\int\limits_{\mathfrak{B}'+\overline{\mathfrak{B}}'} w^{(m)}\, \widehat{w}_j(c)\, du_1 du_2\right] - \int\limits_{\mathfrak{C}'} D w^{(m)}\, \frac{\partial w^{(m)}}{\partial n}\, ds\,.
\end{aligned}\right. \tag{81}$$

Die hier auftretende Reihe konvergiert unbedingt und gleichgradig. Um dieses einzusehen, beachten wir, daß nach der SCHWARZschen Ungleichung für alle $N = 1, 2 \ldots;\ m = 1, 2 \ldots$

$$\left|\sum_{j=1}^{N} \left[\int\limits_{\mathfrak{B}'+\overline{\mathfrak{B}}'} \widehat{L}(w^{(m)})\, \widehat{w}_j(c)\, du_1\, du_2\right]\left[\int\limits_{\mathfrak{B}'+\overline{\mathfrak{B}}'} w^{(m)}\, \widehat{w}_j(c)\, du_1 du_2\right]\right|^2$$
$$\leqq \sum_{j=1}^{N} \Bigg(\int\limits_{\mathfrak{B}'+\overline{\mathfrak{B}}'} \widehat{L}\,(w^{(m)})\, \widehat{w}_j(c)\, du_1\, du_2\Bigg)^2 \sum_{j=1}^{N} \Bigg(\int\limits_{\mathfrak{B}'+\overline{\mathfrak{B}}'} w^{(m)}\, \widehat{w}_j(c)\, du_1\, du_2\Bigg)^2$$

und nach der Vollständigkeitsrelation

$$\leqq \sum_{j=1}^{\infty} \Bigg(\int\limits_{\mathfrak{B}'+\overline{\mathfrak{B}}'} \widehat{L}(w^{(m)})\, \widehat{w}_j(c)\, du_1\, du_2\Bigg)^2 \sum_{j=1}^{\infty} \Bigg(\int\limits_{\mathfrak{B}'+\overline{\mathfrak{B}}'} w^{(m)}\, \widehat{w}_j(c)\, du_1\, du_2\Bigg)^2$$
$$= \int\limits_{\mathfrak{B}'+\overline{\mathfrak{B}}'} (\widehat{L}\, w^{(m)})^2 \cdot du_1\, du_2 \cdot \int\limits_{\mathfrak{B}'+\overline{\mathfrak{B}}'} (w^{(m)})^2\, du_1\, du_2$$

ist. Wegen (79) und (80) ist die rechte Seite der letzten Gleichung gleichgradig beschränkt für alle $m = 1, 2 \ldots$; infolgedessen erhalten wir für $m \to \infty$ aus (81)

$$\int\limits_{\mathfrak{B}'+\bar{\mathfrak{B}}'} \left[\hat{D}\left(\frac{\partial w^*}{\partial u_\alpha}\frac{\partial w^*}{\partial u_\alpha}\right) - \hat{q} w^{*2}\right] du_1\, du_2$$

$$= -\sum_{j=1}^{\infty}\left[\lim_{m\to\infty}\int\limits_{\mathfrak{B}'+\bar{\mathfrak{B}}'} \hat{L}(w^{(m)}, \hat{w}_j(c)\, du_1\, du_2\right]\left[\int\limits_{\mathfrak{B}'+\bar{\mathfrak{B}}'} w^*\, \hat{w}_j(c)\, du_1\, du_2\right]$$

und nach (70)

$$= -\sum_{j=1}^{\infty}\left[\lim_{m\to\infty}\left(\int\limits_{\mathfrak{B}'+\bar{\mathfrak{B}}'} \hat{L}(\hat{w}_j(c))\, w^{(m)}\, du_1\, du_2 + \int\limits_{\mathfrak{S}'} D\frac{\partial \hat{w}_j}{\partial n} w^{(m)}\, ds\right.\right.$$

$$\left.\left. + \int\limits_{\mathfrak{C}'} D\frac{\partial w_j}{\partial n} w^{(m)} + \bar{D}\frac{\partial \bar{w}_j}{\partial \bar{n}}\bar{w}^{(m)}\, ds\right)\right]\left(\int\limits_{\mathfrak{B}'+\bar{\mathfrak{B}}'} w^*\, \hat{w}_j(c)\, du_1\, du_2\right)$$

$$= \sum_{j=1}^{\infty}\mu_j(c)\left(\int\limits_{\mathfrak{B}'+\bar{\mathfrak{B}}'} w^*\, \hat{w}_j(c)\, du_1\, du_2\right)^2;$$

q. e. d..

Beh.: Ist $w^*(u_\alpha)$ eine Funktion der gleichen Beschaffenheit wie die entsprechende in (78'), $w_0(u_\alpha)$ eine weitere in $\mathfrak{B}'$ und $\bar{\mathfrak{B}}'$ stückweise stetig differenzierbare, stetige Funktion, die auf $\mathfrak{S}'$ gleich Null ist und auf $\mathfrak{C}'$ der Sprungrelation $\bar{w}_0 - \vartheta(s, c)\, w_0 = 0$ genügt, so gilt

$$(82)\quad \int\limits_{\mathfrak{B}'+\bar{\mathfrak{B}}'} \left(\hat{D}\frac{\partial w^*}{\partial u_\alpha}\frac{\partial w_0}{\partial u_\alpha} - \hat{q}\, w^*\, w_0\right) du_1\, du_2$$

$$= \sum_{j=1}^{\infty}\mu_j(c)\left(\int\limits_{\mathfrak{B}'+\bar{\mathfrak{B}}'} w^*\, \hat{w}_j(c)\, du_1\, du_2\right)$$

$$\times\left(\int\limits_{\mathfrak{B}'+\bar{\mathfrak{B}}'} w_0\, \hat{w}_j(c)\, du_1\, du_2\right).$$

Bew.:

Entsprechend dem Beweise von (78') denken wir uns $w^*(u_\alpha)$ durch die Folge $w^{(m)}$ gleichmäßig approximiert. Dann ist nach (70') unter Beachtung, daß auf $\mathfrak{C}'$ $\frac{\partial w^{(m)}}{\partial n} = \frac{\partial \overline{w}^{(m)}}{\partial n} = 0$ ist:

$$\int\limits_{\mathfrak{B}'+\overline{\mathfrak{B}}'} \left(\hat{D}\frac{\partial w^{(m)}}{\partial u_\alpha}\frac{\partial w_0}{\partial u_\alpha} - \hat{q}\, w^{(m)}\, w_0\right) du_1\, du_2 = -\int\limits_{\mathfrak{B}'+\overline{\mathfrak{B}}'} \hat{L}\,(w^{(m)})\, w_0\, du_1\, du_2$$

$$= -\sum_{j=1}^{\infty}\left[\int\limits_{\mathfrak{B}'+\overline{\mathfrak{B}}'} \hat{L}(w^{(m)})\, \hat{w}_j(c)\, du_1\, du_2\right]\left[\int\limits_{\mathfrak{B}'+\overline{\mathfrak{B}}'} w_0\, w_j(c)\, du_1\, du_2\right].$$

Die hier vorliegende Reihe ist analog zu den Betrachtungen zu (81) gleichgradig und unbedingt konvergent; also folgt für $m \to \infty$ unter Beachtung von $L(\hat{w}_j(c)) + \mu_j(c)\, \hat{w}_j(c) = 0$ und (70)

$$\int\limits_{\mathfrak{B}'+\overline{\mathfrak{B}}'} \left(\hat{D}\frac{\partial w^*}{\partial u_\alpha}\frac{\partial w_0}{\partial u_\alpha} - \hat{q}\, w^*\, w_0\right) du_1\, du_2$$

$$= \sum_{j=1}^{\infty} \mu_j(c)\left(\int\limits_{\mathfrak{B}'+\overline{\mathfrak{B}}'} w^*\, \hat{w}_j(c)\, du_1\, du_2\right)\left(\int\limits_{\mathfrak{B}'+\overline{\mathfrak{B}}'} w_0\, \hat{w}_j(c)\, du_1\, du_2\right)$$

q. e. d..

Es seien $P_\alpha(u_\beta)$ $(\alpha = 1, 2)$ irgendwelche in $\mathfrak{B}'$ und $\overline{\mathfrak{B}}'$ erklärte Funktionen, die in $\mathfrak{B}'$ stetig differenzierbar und in $\overline{\mathfrak{B}}'$ identisch Null sind; außerdem gelte in allen Punkten von $\mathfrak{S}'$ $P_\alpha = 0$ und auf $\mathfrak{C}'$ $P_\alpha \cos(u_\alpha, \mathfrak{n}) = -h(s, c)$. $h(s, c)$ soll dabei zunächst irgendeine regulär-analytische Funktion von s auf $\mathfrak{C}'$ und dem Parameter c für $c \neq 0$ sein. Weiterhin sei $w^*(u_\alpha)$ eine nebst ihren partiellen Ableitungen erster Ordnung in $\mathfrak{B}'$ bzw. $\overline{\mathfrak{B}}'$ stetige Funktion, deren zweite Ableitungen in allen inneren Punkten von $\mathfrak{B}'$ bzw. $\overline{\mathfrak{B}}'$ einer H-Bedingung mit dem Exponenten $\lambda^*(0 < \lambda^* < 1)$ genügen. Auf $\mathfrak{S}'$ gelte $w^* = 0$ und auf $\mathfrak{C}'$ die Sprungrelation $\overline{w}^* = \vartheta(s, c)\, w^*$ für einen festen Wert $c \neq 0$. Daneben möge $w_0(u_\alpha)$ endlich eine willkürliche in $\mathfrak{B}'$ bzw. $\overline{\mathfrak{B}}'$ stetige und hier stückweise stetig differenzierbare Funktion sein, die auf $\mathfrak{S}'$ verschwindet und auf $\mathfrak{C}'$ der Sprungrelation $\overline{w}_0 = \vartheta(s, c)\, w_0$ (mit dem gleichen Parameter c wie oben bei w^*!) genügt.

Schließlich sei

$$(83)\quad \int\limits_{\mathfrak{B}'+\overline{\mathfrak{B}}'} \left\{\left[\hat{D}\left(\frac{\partial w^*}{\partial u_\alpha}\frac{\partial w_0}{\partial u_\alpha}\right) - \hat{q}\, w^*\, w_0\right] + \lambda\left[\frac{\partial(P_\alpha w^* w_0)}{\partial u_\alpha} - \hat{\varkappa}\, w^*\, w_0\right]\right\} du_1\, du_2 = 0\,.$$

Durch teilweise Integration erhält man aus (83) unter Beachtung der Sprungrelationen auf $\mathfrak{C}'$ für w^* und w_0:

$$(84)\quad \int\limits_{\mathfrak{B}'+\overline{\mathfrak{B}}'} \left(\hat{L}(w^*) + \lambda\, \hat{\varkappa}\, w^*\right) w_0\, du_1\, du_2 + \int\limits_{\mathfrak{C}'} \left[D\,\frac{\partial w^*}{\partial n} + \vartheta(s, c)\,\hat{D}\,\frac{\partial w^*}{\partial n} - \lambda\, h(s, c)\, w^*\right] w_0\, ds = 0\,,$$

demnach, da w_0 willkürlich ist:

$$(84\text{a})\quad \hat{L}(w^*) + \lambda\, \hat{\varkappa}\, w^* = 0 \qquad \text{im Innern von } \mathfrak{B}', \overline{\mathfrak{B}}'$$

$$(84\text{b})\quad H(w^*, \vartheta(s, c)) - \lambda\, h(s, c)\, w^* = 0 \quad \text{auf } \mathfrak{C}'\,.$$

Wir setzen im Sinne der Äquivalenz in Analogie zu [31] S. 154

$$(85)\quad w^*(u_\alpha) \sim \sum_{j=1}^{\infty} \frac{X_j}{\sqrt{\mu_j(c)}}\, \hat{w}_j(u_\alpha, c)\,, \quad w_0(u_\alpha) \sim \sum_{j=1}^{\infty} \frac{Y_j}{\sqrt{\mu_j(c)}}\, \hat{w}_j(u_\alpha, c)$$

und erhalten nach (82)

$$(86)\quad \int\limits_{\mathfrak{B}'+\overline{\mathfrak{B}}'} \left[\hat{D}\left(\frac{\partial w^*}{\partial u_\alpha}\frac{\partial w_0}{\partial u_\alpha}\right) - \hat{q}\, w^*\, w_0\right] du_1\, du_2 = \sum_{j=1}^{\infty} X_j\, Y_j \equiv (X, Y)\,.$$

Setzen wir

$$(87)\qquad -K(X, Y, c) = \int\limits_{\mathfrak{B}'+\overline{\mathfrak{B}}'} \left[\frac{\partial(P_\alpha w^* w_0)}{\partial u_\alpha} - \hat{\varkappa}\, w^*\, w_0\right] du_1\, du_2\,,$$

so erhalten wir dann aus (83) die Gleichung

$$(88)\qquad (X, Y) - \lambda\, K\,(X, Y, c) = 0\,.$$

In völlig analoger Weise zu [31] S. 155 ersieht man aus (87), daß die Bilinearform $K(X, Y, c)$ beschränkt und vollstetig ist. Wir können deshalb auf einen Beweis dieser Aussage an dieser Stelle verzichten.

Die Eigenwerte $\lambda_\sigma(c)$ der quadratischen Form $K(X, X, c)$ sind zugleich die Eigenwerte zu (84a/b).

Wie im Kapitel I § 3 von [31] läßt sich zeigen:

Die Eigenfunktionen zu (84a/b) (unter Hinzunahme der Bedingungen $w^* = 0$ auf $\mathfrak{S}'$; $\overline{w}^* - \vartheta(s, c)\, w^* = 0$) und die Eigenformen von $K(X, X, c)$ entsprechen einander umkehrbar eindeutig.

Daß diese entsprechenden Eigenfunktionen auch wirklich auf $\mathfrak{S}'$ verschwinden und auf $\mathfrak{C}'$ der Sprungrelation $\overline{w}^* - \vartheta(s, c) w^* = 0$ genügen, wird aus nachfolgenden Betrachtungen sofort ersichtlich:

Es seien $L_\sigma(X, c) = \sum\limits_{j=1}^{\infty} l_j^\sigma(c)\, X_j$ die zu $\lambda_\sigma(c)$ gehörigen, in bekannter Weise normierten Eigenformen von (88). Nach [31] Kap. I § 3 konvergiert die Reihe

$$\sum_{j=1}^{\infty} \frac{l_j^\sigma(c)}{\sqrt{\mu_j(c)}}\, \hat{w}_j(u_\alpha, c) \tag{89}$$

unbedingt und gleichmäßig. Setzt man

$$\sum_{j=1}^{\infty} \frac{l_j^\sigma(c)}{\sqrt{\mu_j(c)}}\, \hat{w}_j(u_\alpha, c) = \hat{\psi}_\sigma(u_\alpha, c)\,, \tag{89'}$$

so ist $\hat{\psi}_\alpha(u_\alpha, c)$ eine zu $\lambda_\sigma(c)$ gehörige Eigenfunktion. Auf Grund der gleichmäßigen Konvergenz von (89') und der Eigenschaften der $\hat{w}_j(u_\alpha, c)$ (vgl. (75)!) gilt in der Tat auf $\mathfrak{S}'$ $\hat{\psi}_\sigma = 0$ und auf $\mathfrak{C}'$ zugleich $\overline{\psi}_\sigma - \vartheta(s, c)\, \psi_\sigma = 0$, womit die Richtigkeit der obigen Aussage gezeigt worden ist. Aus

$$l_j^\sigma\, l_j^\tau = \delta_{\sigma\tau} \tag{90}$$

folgt wegen (82):

$$\int\limits_{\mathfrak{B}' + \overline{\mathfrak{B}}'} \left[\hat{D}\left(\frac{\partial \hat{\psi}_\tau(c)}{\partial u_\alpha}\, \frac{\partial \hat{\psi}_\sigma(c)}{\partial u_\alpha}\right) - \hat{q}\, \hat{\psi}_\sigma(c)\, \hat{\psi}_\tau(c)\right] du_1\, du_2 = \delta_{\sigma\tau} \tag{91}$$

und nach dem GREENschen Satz (70′)

$$(91)\quad -\int\limits_{\mathfrak{B}'+\overline{\mathfrak{B}}'} \hat{L}(\hat{\psi}_\sigma(c))\,\hat{\psi}_\tau(c)\,du_1\,du_2 - \int\limits_{\mathfrak{C}'} \hat{\psi}_\tau(c)\,H(\hat{\psi}_\sigma, \vartheta(s,c))\,ds = \delta_{\sigma\tau}$$

Wegen (84) folgt schließlich aus (91′)

$$\int\limits_{\mathfrak{B}'+\overline{\mathfrak{B}}'} \hat{\varkappa}\,\hat{\psi}_\sigma(c)\,\hat{\psi}_\tau(c)\,du_1\,du_2 - \int\limits_{\mathfrak{B}'+\overline{\mathfrak{B}}'} h(s,c)\,\hat{\psi}_\sigma(c)\,\hat{\psi}_\tau(c)\,ds = \frac{1}{\lambda_\sigma(c)}\,\delta_{\sigma\tau};$$

setzt man dann

$$(92)\qquad \hat{\psi}_\sigma(u_\alpha, c) = \frac{\hat{\varphi}_\sigma(u_\alpha, c)}{\sqrt{|\lambda_\sigma(c)|}},$$

so erhält man aus der letzten Gleichung

$$(93)\quad \int\limits_{\mathfrak{B}'+\overline{\mathfrak{B}}'} \hat{\varkappa}\,\hat{\varphi}_\sigma(c)\,\hat{\varphi}_\tau(c)\,du_1\,du_2 - \int\limits_{\mathfrak{C}'} h(s,c)\,\hat{\varphi}_\sigma(c)\,\hat{\varphi}_\tau(c)\,ds = \delta_{\sigma\tau}\,\frac{\lambda_\sigma(c)}{|\lambda_\sigma(c)|}.$$

Beh.: Ist $V(u_\alpha)$ eine Funktion, die in $\mathfrak{B}'$ bzw. $\overline{\mathfrak{B}}'$ stetig differenzierbar ist, auf $\mathfrak{S}'$ verschwindet, auf $\mathfrak{C}'$ der Sprungrelation $\overline{V} - \vartheta(s,c)\,V = 0$ genügt und deren zweite Ableitungen im Innern von $\mathfrak{B}'$ bzw. $\overline{\mathfrak{B}}'$ existieren und einer H-Bedingung mit dem Exponenten $\lambda^*(0 < \lambda^* < 1)$ genügen, so ist

$$(94)\quad \left\{\begin{aligned} &\int\limits_{\mathfrak{B}'+\overline{\mathfrak{B}}'} \hat{\varkappa}\,V^2\,du_1\,du_2 - \int\limits_{\mathfrak{C}'} h(s,c)\,V^2\,ds \\ &\quad = \sum_\sigma \frac{\lambda_\sigma(c)}{|\lambda_\sigma(c)|}\Bigg(\int\limits_{\mathfrak{B}'+\overline{\mathfrak{B}}'} \hat{\varkappa}\,V\,\hat{\varphi}_\sigma(c)\,du_1\,du_2 \\ &\qquad - \int\limits_{\mathfrak{C}'} h(s,c)\,V\,\hat{\varphi}_\sigma(c)\,ds\Bigg)^2. \end{aligned}\right.$$

Bew.:

Nach bekannten Sätzen[1]) ist

$$(95)\qquad K(X,Y,c) = \sum_\sigma \frac{1}{\lambda_\sigma(c)}\,L_\sigma(X,c)\cdot L_\sigma(Y,c).$$

---

[1]) Vgl. D. HILBERT: „Grundzüge einer allgemeinen Theorie der linearen Integralgleichungen". IV. Mitt. Gött. Nachr. 1906. S. 157—227. [S. 209.]

Wir setzen im Sinne der Äquivalenz

$$V(u_\alpha) \sim \sum_{j=1}^{\infty} \frac{X_j}{\sqrt{\mu_j(c)}} \hat{w}_j(u_\alpha, c) ,$$

dann ist nach (89′)

$$L_\sigma(X, c) = \sum_{j=1}^{\infty} \mu_j(c) \Bigl(\int_{\mathfrak{B}'+\overline{\mathfrak{B}}'} \hat{w}_j(c)\, \hat{\varphi}_\sigma(c)\, du_1\, du_2 \Bigr) \Bigl(\int_{\mathfrak{B}'+\overline{\mathfrak{B}}'} \hat{w}_j(c)\, V\, du_1\, du_2 \Bigr)$$

Also gilt nach (87), (82), (89′) und (92)

$$\int_{\mathfrak{B}'+\overline{\mathfrak{B}}'} \hat{\varkappa}\, V^2\, du_1\, du_2 - \int_{\mathfrak{C}'} h(s, c)\, V^2\, ds$$

$$= \sum_\sigma \frac{\lambda_\sigma(c)}{|\lambda_\sigma(c)|} \Bigl(\int_{\mathfrak{B}'+\overline{\mathfrak{B}}'} \hat{\varkappa}\, V\, \hat{\varphi}_\sigma(c)\, du_1\, du_2 - \int_{\mathfrak{C}'} h(s, c)\, V\, \hat{\varphi}_j(c)\, ds \Bigr)^2$$

q. e. d..

Und schließlich können wir noch eine weitere Beziehung aus der Relation

$$(X, X) \geqq \sum_\sigma [L_\sigma(X, c)]^2 \ ^{1)}$$

ableiten:

$$\int_{\mathfrak{B}'+\overline{\mathfrak{B}}'} \Bigl[\hat{D} \Bigl(\frac{\partial V}{\partial u_\alpha} \frac{\partial V}{\partial u_\alpha} \Bigr) - \hat{q}\, V^2 \Bigr] du_1\, du_2 \tag{96}$$

$$\geqq \sum_\sigma |\lambda_\sigma(c)| \Bigl(\int_{\mathfrak{B}'+\overline{\mathfrak{B}}'} \hat{\varkappa}\, V \hat{\varphi}_\sigma(c)\, du_1\, du_2 - \int_{\mathfrak{C}'} h(s, c)\, V\, \hat{\varphi}_\sigma(c)\, ds \Bigr)^2 .$$

Diese Aussage ergibt sich in Analogie zu [31] S. 157 unmittelbar aus (86), (89′), (92) und (95′).

Zum Schluß dieser Betrachtungen sei ohne näheren Beweis erwähnt, daß vollkommen analog zu den entsprechenden Entwicklungen von Lichtenstein (vgl. [31] S. 148) gilt:

[1]) Ist die Form $K(X, X, c)$ abgeschlossen, so gilt hier das Gleichheitszeichen; man kann leicht zeigen, daß dieses insbesondere wegen der Regularität von $\varkappa$ bzw. $\overline{\varkappa}$ und h in unserem Falle erfüllt ist. (Vgl. auch [30] S. 49.)

Es sei $V(u_\alpha)$ eine Funktion der gleichen Eigenschaft wie die entsprechende in (94), dann ist[1]:

$$\text{(97)} \quad \int\limits_{\mathfrak{B}'+\overline{\mathfrak{B}}'} \left[\hat{D}\left(\frac{\partial V}{\partial u_\alpha}\frac{\partial V}{\partial u_\alpha}\right) - \hat{q}V^2\right] du_1\, du_2$$
$$\geqq \lambda_1(c)\left[\int\limits_{\mathfrak{B}'+\overline{\mathfrak{B}}'} \hat{\varkappa}\, V^2\, du_1\, du_2 - \int\limits_{\mathfrak{C}'} h(s, c)\, V^2\, ds\right],$$

wobei $\lambda_1(c)$ der kleinste positive Eigenwert zu (84) bei festem Parameter $c \neq 0$ ist. Dieser Eigenwert $\lambda_1(c)$ ist einfach und die zugehörige Eigenfunktion $\hat{\varphi}_1(u_\alpha, c)$ ist im Innern von $\mathfrak{B}' + \mathfrak{B}'$ ungleich Null. Nach (97) ist $\lambda_1(c)$ gerade der kleinste Wert, den das Integral linker Hand von (97) für alle oben erklärten Funktionen $V(u_\alpha)$ annehmen kann, die zusätzlich der Bedingung $\left|\int\limits_{\mathfrak{B}'+\overline{\mathfrak{B}}} \hat{\varkappa}\, V^2\, du_1\, du_2 - \int\limits_{\mathfrak{C}'} h(s, c)\, V^2\, ds\right| = 1$ genügen.

Transformieren wir in (93), (94) und (96) alle Variablen auf den Grundbereich $\mathfrak{B} + \mathfrak{B}$ zurück (vgl. die einleitenden Betrachtungen von § 4, insbes. (54)!) so erhalten wir schließlich die Formeln:

$$\text{(98a)} \quad \int\limits_{\mathfrak{B}+\overline{\mathfrak{B}}} \hat{\varkappa}_0\, \hat{\varphi}_\sigma(c)\, \hat{\varphi}_\tau(c)\, du_1\, du_2 - \int\limits_{\mathfrak{C}_0} h(s, c)\, \hat{\varphi}_\sigma(c)\, \hat{\varphi}_\tau(c)\, ds = \delta_{\sigma\tau} \cdot \frac{\lambda_\sigma(c)}{|\lambda_\sigma(c)|},$$

$$\text{(98b)} \quad \int\limits_{\mathfrak{B}+\overline{\mathfrak{B}}} \hat{\varkappa}_0\, V^2\, du_1\, du_2 - \int\limits_{\mathfrak{C}_0} h(s, c)\, V^2\, ds$$
$$= \sum_\sigma \frac{\lambda_\sigma(c)}{|\lambda_\sigma(c)|}\left(\int\limits_{\mathfrak{B}+\overline{\mathfrak{B}}} \hat{\varkappa}_0\, V\, \hat{\varphi}_\sigma(c)\, du_1\, du_2 - \int\limits_{\mathfrak{C}_0} h(s, c)\, V\, \hat{\varphi}_\sigma(c)\, ds\right)^2$$

$$\text{(98c)} \quad \int\limits_{\mathfrak{B}+\overline{\mathfrak{B}}} (\hat{F}_{\alpha\beta}\, V_{u_\alpha}\, V_{u_\beta} - \hat{q}_0\, V)^2\, du_1\, du_2$$
$$\geqq \sum_\sigma |\lambda_\sigma(c)| \left(\int\limits_{\mathfrak{B}+\overline{\mathfrak{B}}} \hat{\varkappa}_\sigma\, V\, \hat{\varphi}_\sigma(c)\, du_1\, du_2 - \int\limits_{\mathfrak{C}_0} h(s, c)\, V\, \hat{\varphi}_\sigma(c)\, ds\right)^2$$

[1]) Vorausgesetzt, daß hier bei festem Parameter c überhaupt positive Eigenwerte $\lambda_\sigma(c)$ existieren.

für alle Funktionen $V(u_\alpha)$, die in $\mathfrak{B}$ bzw. $\overline{\mathfrak{B}}$ stetig differenzierbar sind, auf $\mathfrak{S}_0$ verschwinden, auf $\mathfrak{C}_0$ die Sprungrelation

$$\overline{V} - \vartheta(s, c)\, V = 0$$

erfüllen und deren zweite Ableitungen in allen inneren Punkten von $\mathfrak{B}$ bzw. $\overline{\mathfrak{B}}$ existieren und einer H-Bedingung genügen.

§ 6

Die Anwendung der Theorie gekoppelter Randwertprobleme auf Variationsprobleme mit geknickten Extremalen

Ausgehend von den Untersuchungen und Bezeichnungen der vorhergehenden Paragraphen und der Forderung, daß die Extremale $\hat{E}$ aus zwei Teilstücken E und $\overline{E}$ besteht, die stetig gekrümmt sind und deren Flächenelemente positiv regulär sind (vgl. hierzu die Bed. (30)!), erhalten wir zunächst nach (2), (11) und einem Satz von Lichtenstein (vgl. [34] S. 1323) die weitere Aussage, daß E und $\overline{E}$ sogar regulär-analytisch sind. Folglich sind auch die Funktionen $F_{\alpha\beta}$ und $\overline{F}_{\alpha\beta}$, sowie F_0 und $\overline{F}_0$ (wir schreiben in Zukunft hierfür im Sinne der Fußnote von S. 48 $\hat{F}_{\alpha\beta}$ bzw. $\hat{F}_0$) von § 2 regulär-analytisch. Im Gegensatz zu § 2 stellen wir jedoch an die geknickte Extremale $\hat{E}$ von nun an noch einige höhere Voraussetzungen:[1])

(99) Die Knickkurve $\mathfrak{C}$ auf $\hat{E}$ soll eine regulär-analytische, doppelpunktfreie geschlossene Kurve sein; die völlig im Innern des Flächenstücks $\hat{E}$ verläuft. Wir können die Bezeichnung dann so wählen, daß $\overline{E}$ völlig von $\mathfrak{C}$ berandet wird und E von $\mathfrak{C}$ und $\mathfrak{R} \equiv \mathfrak{S}$; und schließlich setzen wir voraus, daß $\mathfrak{R} \equiv \mathfrak{S}$ stetig gekrümmt ist.

[1]) Für den Fall $n = 2$ sind freilich diese Voraussetzungen gegenstandslos. Vgl. hierzu auch die Schlußbetrachtungen von S. 69!

Nach (99) sind damit für die Projektionen in den (u_α)-Parameterraum $\mathfrak{S}_0$, $\mathfrak{C}_0$, $\mathfrak{B}$ und $\overline{\mathfrak{B}}$ gerade die Voraussetzungen erfüllt, die auf Seite 29 für die Untersuchungen von § 4 und § 5 erhoben wurden.

Wir bestimmen zunächst im Hinblick auf unser Variationsproblem (2) die in § 5 eingeführte Funktion $h(s, c)$ auf $\mathfrak{C}_0$ (und damit auch auf $\mathfrak{C}'$) näher durch folgende Konstruktion:[1])

Wir betrachten auf $\mathfrak{S}_0$ bzw. $\mathfrak{C}_0$ solche speziellen Werte α_i $(i = 1, 2, 3,)$, die den folgenden Bedingungen genügen:

$$
(100) \quad \begin{cases} \text{auf } \mathfrak{S}_\sigma \text{ ist } \alpha_i\,\alpha_i = 1\,, \quad \alpha_i \dfrac{\partial x_i}{\partial u_\alpha} = 0 & \text{für } \alpha = 1, 2; \\ \text{auf } \mathfrak{C}_0 \text{ ist } \alpha_i\,\alpha_i = 1\,, \quad \alpha_i \dfrac{d x_i}{d s} = 0\,, & \\ \qquad \alpha_i\,\bar{p}_i\, c\, \bar{D}(s) + \alpha_i\, p_i\, D(s) = 0 & \text{für } c \neq 0\,. \end{cases}
$$

Die Auflösung dieser Gleichungssysteme – die in allen Punkten von $\mathfrak{S}_0$ bzw. $\mathfrak{C}_0$ stets möglich ist – liefert uns auf $\mathfrak{S}_0$ die (bis auf das Vorzeichen eindeutig bestimmten) zweimal stetig differenzierbaren Funktionen $\alpha_i = \hat{\alpha}_i(s)$, auf $\mathfrak{C}_0$ die regulär-analytischen Funktionen $\alpha_i = \hat{\alpha}_i(s, c)$. Die letzteren erfüllen insbesondere auf $\mathfrak{C}_0$ wegen der dritten Gleichung von (100) auch die Bedingung (63). Aus dem Gleichungssystem

$$
\begin{aligned} \big(x_i - \hat{x}_i(u_\beta)\big)\cdot \hat{x}_{i\,u_\alpha} &= 0 \qquad\qquad \alpha = 1, 2 \\ z - \big(x_i - \hat{x}_i(u_\beta)\big)\, p_i &= 0 \end{aligned}
$$

erhalten wir weiterhin wegen $p_i\,p_i \neq 0$ für eine hinreichend kleine Umgebung von E bzw. $\bar{E}$ die Auflösung $x_i = x_i(u_\alpha, z)$, die eine eineindeutige Abbildung dieser Umgebung auf die entsprechende Umgebung von $\mathfrak{B}$ bzw. $\overline{\mathfrak{B}}$ im (u_α, z)-Raum vermittelt. Die Vektoren $\alpha_i(s, c)$ auf $\mathfrak{C}$ und $\hat{\alpha}_i(s)$ auf $\mathfrak{S}$ gehen damit über zu den Vektoren $\alpha_i^*(s, c)$ und $\alpha_i^*(s)$ auf $\mathfrak{C}_0$ bzw. $\mathfrak{S}_0$. Nach (100) ist dann $\alpha_3^*(s, c) \neq 0$, $\alpha_3^*(s) \neq 0$, wir können also ohne Einschränkung annehmen > 0. Lösen wir nun für jeden Bereich $\mathfrak{B}$

[1]) Für $n = 2$ ist $h(t_0, c)$ durch die Betrachtungen von S. 20 bestimmt.

bzw. $\overline{\mathfrak{B}}$ das DIRICHLETsche Problem der Potentialtheorie mit den Randwerten $\alpha_i^*(s)$ bzw. $\overline{\alpha_i^*}(s, c)$ für jeden Index i einzeln, so erhalten wir in $\mathfrak{B} + \overline{\mathfrak{B}}$ stetige Lösungen $\chi_i(u_\alpha, c)$ $(i = 1, 2, 3)$, die — abgesehen von den Punkten auf $\mathfrak{S}_0$ — in $\mathfrak{B}$ sowie $\overline{\mathfrak{B}}$ regulär-analytisch sind; darüber hinaus gilt $\chi_3(u_\alpha, c) > 0$ und in allen Punkten zu E bzw. $\overline{E}$ $\chi_i\, p_i \neq 0$.

Setzen wir endlich

$$(100') \qquad \alpha_i = \hat{\alpha}_i(u_\alpha, c) \equiv \frac{\chi_i(u_\alpha, c)}{\left[\sum_j \chi_j(u_\alpha, c)^2\right]^{1/2}} \qquad i = 1, 2, 3\,,$$

so gilt in allen Punkten zu $\mathfrak{B}$ bzw. $\overline{\mathfrak{B}}$ $\hat{\alpha}_i\, p_i \neq 0$! Wir definieren dann unter Berücksichtigung von (35) auf $\mathfrak{C}_0$

$$(101) \qquad h(s, c) = h\big(\hat{\alpha}_i(u_\alpha, c), \hat{\alpha}_{i u_\beta}(u_\alpha, c)\big)\,.$$

Diese Funktion ist auf regulär-analytisch und erfüllt somit alle Voraussetzungen von § 5.

Wir behaupten dann folgenden Satz:

(102) Notwendig dafür, daß $\hat{E}$ ein Minimum des Variationsproblems (2) liefert, ist die Bedingung:
Der kleinste positive Eigenwert $\lambda_1(c)$ des homogenen gekoppelten Randwertproblems

$$L_0(w) + \lambda\, \varkappa_0\, w = 0 \text{ in } \mathfrak{B}; \quad \overline{L_0}(\overline{w}) + \lambda\, \overline{\varkappa}_0\, \overline{w} = 0 \text{ in } \overline{\mathfrak{B}}$$

mit den Randbedingungen auf $\mathfrak{S}_0$ $w = 0$
und den Kopplungsbedingungen auf $\mathfrak{C}_0$

$$\overline{w} - \vartheta(s, c)\, w = 0$$

$$\Theta_0(w) + \vartheta(s, c)\, \Theta_0(\overline{w}) - \lambda\, h(s, c)\, w = 0$$

muß für alle Parameterwerte $c \neq 0$ größer oder gleich 1 sein.[1])

Bew.: Zum Beweise von (102) nehmen wir an für irgendeinen bestimmten Wert $c \neq 0$ wäre $\lambda_1(c) < 1$. Dann gilt zunächst nach

[1]) Es versteht sich von selbst, daß diese Aussage sinngemäß auf den Fall $n = 2$ bezogen ebenso gilt; analoges gilt auch für die weiteren Betrachtungen!

(29), (52/3), (98b/c)[1]) und (101) für die zugehörige Eigenfunktion $\hat{\varphi}_1(u_\alpha, c)$

$$(103)\quad \begin{cases} \delta^2\mathfrak{J} = \int\limits_{\mathfrak{B}+\overline{\mathfrak{B}}} \{(\hat{F}_{\alpha\beta}\, \hat{\varphi}_{1u_\alpha}\, \hat{\varphi}_{1u_\beta} - \hat{q}_0\, \hat{\varphi}_1^2) - \hat{\varkappa}_0\, \hat{\varphi}_1^2\}\, du_1\, du_2 \\ \qquad + \int\limits_{\mathfrak{C}_0} h(s, c)\, \hat{\varphi}_1^2\, ds \\ \quad = \sum\limits_\sigma |\lambda_\sigma(c)| \left(1 - \frac{1}{\lambda_\sigma(c)}\right) \left(\int\limits_{\mathfrak{B}+\mathfrak{B}} \hat{\varkappa}_0\, \hat{\varphi}_1(c)\, \hat{\varphi}_\sigma(c)\, du_1\, du_2 \right. \\ \qquad \left. - \int\limits_{\mathfrak{C}_0} h(s, c)\, \hat{\varphi}_1(c)\, \hat{\varphi}_\sigma(c)\, ds \right)^2, \end{cases}$$

und unter Berücksichtigung von (98a) finden wir

$$(103')\qquad \delta^2\mathfrak{J} = (\lambda_1(c) - 1) < 0\,.$$

Führen wir bei Beachtung der Untersuchungen von Seite 13 mit

$$\hat{\zeta}_j = \frac{\varphi_1(c)\, \hat{\alpha}_j(c)}{\hat{\alpha}_i\, \hat{p}_i}$$

(vgl. insbes. (32) und (100')) die TAYLORentwicklung zu

$$\Delta\mathfrak{J}(\varepsilon) = \int\limits_{\mathfrak{B}+\overline{\mathfrak{B}}} [\Phi\,(\hat{x}_j + \varepsilon\, \hat{\zeta}_j,\ \hat{x}_{ju_\alpha} + \varepsilon\, \hat{\zeta}_{ju_\alpha}) - \Phi(\hat{x}_j, \hat{x}_{ju_\alpha})]\, du_1\, du_2$$

nach ε durch, die wir mit den Gliedern dritter Ordnung abbrechen, so ist

$$\Delta\mathfrak{J}(\varepsilon) = \delta\mathfrak{J}\,\varepsilon + \frac{1}{2}\,\delta^2\mathfrak{J}\,\varepsilon^2 + \frac{1}{3!}\,\delta^3\tilde{\mathfrak{J}}\,\varepsilon^3\,.$$

Nach (103') wäre folglich für genügend kleines $|\varepsilon| > 0$ und $\delta\mathfrak{J} = 0$ $\Delta\mathfrak{J}(\varepsilon) < 0$, so daß $\hat{E}$ keine Minimale zu (2) sein könnte; also muß wie behauptet für alle $c \neq 0$ $\lambda_1(c) \geqq 1$ sein.

Schließlich können wir der Aussage (102) eine hinreichende Bedingung für die Existenz eines schwachen Minimums gegenüberstellen:

---

[1]) Man beachte insbesondere auch die Fußnote [1]) von S. 57!

(104) Ist für irgendeinen bestimmten Wert $c_0 \neq 0$ des Parameters c zu dem in (102) formulierten gekoppelten Randwertproblem $\lambda_1(c_0) > 1$, so liefert $\hat{E}$ zu (2) ein schwaches Minimum[1]) gegenüber allen Vergleichsflächen, die stückweise glatt sind und der Bedingung (1) genügen.

Der Beweis dieser Aussage, der hier etwas komplizierter ist als im entsprechenden Falle bei LICHTENSTEIN, wird in drei Schritten vorgenommen:

a) Wir beweisen zunächst den obigen Satz für Scharen von Vergleichsflächen der Gestalt

$$\hat{x}_i(u_\alpha, \varepsilon) = \hat{x}_i(u_\alpha) + \varepsilon\, \hat{\zeta}(u_\alpha),$$

wo die Funktionen $\hat{\zeta}_i(u_\alpha)$ auf $\mathfrak{S}_0$ verschwinden, in $\mathfrak{B} + \overline{\mathfrak{B}}$ stetig sind, in $\mathfrak{B}$ bzw. $\overline{\mathfrak{B}}$ stetige Ableitungen erster Ordnung haben und in allen inneren Punkten dieser Bereiche zweite Ableitungen besitzen, die ihrerseits einer H-Bedingung genügen; außerdem sollen diese $\hat{\zeta}_i(u_\alpha)$ der Bedingung genügen

$$(105) \qquad \hat{\zeta}_i(u_\alpha) = \hat{\alpha}_i(u_\alpha, c_0) \sqrt{\hat{\zeta}_j \hat{\zeta}_j} \quad \text{und} \quad |\hat{\zeta}_i|,\ |D_1 \hat{\zeta}_i| < M$$

für alle Punkte von $\mathfrak{B} + \overline{\mathfrak{B}}$.

Mit $V = \hat{\zeta}_i\, p_i$ und $\overline{V} = \hat{\zeta}_i\, \overline{p}_i$ in $\mathfrak{B}$ bzw. $\overline{\mathfrak{B}}$ gilt dann nach (100), (100′) und (34) auf $\mathfrak{C}_0$

$$\overline{V} = \vartheta(s, c_0)\, V \quad \text{mit} \quad \vartheta(s, c_0) = \frac{-D(s)}{c_0\, \overline{D}(s)}.$$

---

[1]) Wir legen dabei auch bei geknickten Extremalen diesem Begriff die gleiche Bedeutung zugrunde wie bei gewöhnlichen (ungeknickten) Extremalen, indem also neben einer Beschränkung der Vergleichsflächen auf eine gewisse Umgebung der Extremalen zugleich noch eine Richtungsbeschränkung erhoben wird. Wir müssen lediglich dann beachten, daß diese letzte Beschränkung bei geknickten Extremalen gegebenenfalls dazu führen kann, daß es gar keine solchen zulässigen Vergleichsflächen der Art gibt, daß sie in einer Umgebung des Knickes der Extremalen $\hat{E}$ nicht mit $\hat{E}$ übereinstimmen! Vgl. hierzu auch die Fußnote von S. 65!

Demzufolge sind die Entwicklungen von (98) für $c = c_0$ und V bzw. $\bar{V}$ anwendbar, so daß wir mit

$$\hat{V}(u_\alpha) = \begin{cases} V(u_\alpha) & \text{für} \quad (u_\alpha) \subset \mathfrak{B} \\ \bar{V}(u_\alpha) & \text{für} \quad (u_\alpha) \subset \bar{\mathfrak{B}} \end{cases}$$

entsprechend der Formel (103) aus (29) die Relation erhalten

$$\delta^2 \mathfrak{J} = \sum_\sigma |\lambda(c_0)| \left(1 - \frac{1}{\lambda_\sigma(c_0)}\right) \left(\int\limits_{\mathfrak{B}+\bar{\mathfrak{B}}} \hat{\varkappa}\, \hat{V}\, \hat{\varphi}_\sigma(c_0)\, du_1\, du_2 \right.$$
$$\left. - \int\limits_{\mathfrak{C}_0} h(s, c_0)\, V\, \hat{\varphi}_\sigma(c_0)\, ds \right)^2,$$

so daß auf Grund der Voraussetzung $\lambda_1(c_0) > 1$

$$\delta^2 \mathfrak{J} \geqq \left(1 - \frac{1}{\lambda_1(c_0)}\right) \sum_\sigma |\lambda_\sigma(c_0)| \left(\int\limits_{\mathfrak{B}+\mathfrak{B}} \hat{\varkappa}\, \hat{V}\, \hat{\varphi}_\sigma(c_0)\, du_1\, du_2 \right.$$
$$\left. - \int\limits_{\mathfrak{C}_0} h(s, c_0)\, \hat{V}\, \hat{\varphi}_\sigma(c_0)\, ds \right)^2$$

ist, also nach (98c) (unter Berücksichtigung der Fußnote von S. 57)

$$\text{(106)} \quad \delta^2 \mathfrak{J} \geqq \left(1 - \frac{1}{\lambda_1(c_0)}\right) \int\limits_{\mathfrak{B}+\bar{\mathfrak{B}}} \left\{ \hat{F}_{\alpha\beta}\, \hat{V}_{u_\alpha}\, \hat{V}_{u_\beta} - \hat{q}_0\, \hat{V}^2 \right\} du_1\, du_2 \geqq 0 .$$

Analog zu den Entwicklungen von Seite 62 sowie [30] S. 49 findet man leicht

$$\text{(106')} \qquad \Delta \mathfrak{J} = \frac{\varepsilon^2}{2}\, \delta^2 \mathfrak{J} + \frac{\varepsilon^3}{6}\, \delta^3 \tilde{\mathfrak{J}}$$

mit $|\delta^3 \tilde{\mathfrak{J}}| < A \int\limits_{\mathfrak{B}+\bar{\mathfrak{B}}} \left(\hat{F}_{\alpha\beta} \hat{V}_{u_\alpha}\, \hat{V}_{u_\beta} - q_0\, \hat{V}\right)^2 du_1\, du_2$, wo A eine gewisse Konstante größer als Null ist, deren Betrag unabhängig von der speziellen Wahl des beliebig vorgegebenen ε mit $\varepsilon^* > |\varepsilon| > 0$ ist. Infolgedessen gilt für alle

$$|\varepsilon| < \frac{3}{A} \left(1 - \lambda_1^{-1}(c_0)\right) = \eta$$

nach (106) und (106′)

$$\Delta \mathfrak{J} \geqq \frac{\varepsilon^2}{2}\left[1 - \frac{1}{\lambda_1(c_0)} - \frac{\varepsilon}{3} A\right] \iint\limits_{\mathfrak{B}+\overline{\mathfrak{B}}} \left\{\hat{F}_{\alpha\beta} \hat{V}_{u_\alpha} \hat{V}_{u_\beta}\right.$$

$$\left. - \hat{q}_0 \hat{V}^2\right\} du_1\, du_2 \geqq 0\,,$$

wobei das Gleichheitszeichen nur für $\hat{V} \equiv 0$ gilt, d. h. für solche $\hat{\zeta}_i$, die der Bedingung (105), also auch $\hat{\zeta}_i = \frac{\hat{\alpha}_i(c_0)\, \hat{V}}{\hat{\alpha}_j(c_0\, \hat{p}_j)}$ genügen, und folglich in $\mathfrak{B} + \overline{\mathfrak{B}}$ identisch Null sind. Damit ist für die spezielle Klasse von Vergleichsflächen, die oben charakterisiert wurden, die Existenz eines schwachen Minimums zu $\hat{E}$ bewiesen.

b) Wir zeigen, daß alle Scharen von hinreichend benachbarten Vergleichsflächen zu $\hat{E}$, die in allen Punkten von $\mathfrak{B} + \overline{\mathfrak{B}}$ glatt sind und im Innern dieses Bereiches zweite Ableitungen besitzen, die einer H-Bedingung genügen, auf die Betrachtungen des Falles a) zurückgeführt werden können.

Zum Beweis nehmen wir an $x_i = \hat{x}_i(u_\alpha) + \varepsilon\, \zeta_i^*\, (u_\alpha)$ mit $|\zeta_i^*|$, $|D_1\, \zeta_i^*\, | < M$ stelle für ein $|\varepsilon| < \varepsilon_0$ eine beliebige derartige Vergleichsfläche dar, deren Ableitungen für $|\varepsilon| > \hat{\varepsilon} > 0$[1]) hinsichtlich der Variablen u_α den am Anfang dieses Abschnittes b) genannten Bedingungen genügen. Dann kann man stets für alle ε, deren Betrag kleiner als ein gewisses ε' ist, mit $\varepsilon^* \geqq \varepsilon' > |\varepsilon| > 0$, eine umkehrbar eindeutige automorphe

[1]) Hierbei ist $\hat{\varepsilon} = \dfrac{\max\limits_{i=1,2,3;\, \mathfrak{C}_0} \left| \lim\limits_{u_\alpha | \mathfrak{B} \to u_\alpha^0} \dfrac{\partial \hat{x}_i}{\partial u_\beta}(u_\alpha) - \lim\limits_{u_\alpha | \overline{\mathfrak{B}} \to u_\alpha^0} \dfrac{\partial \hat{x}_i}{\partial u_\beta}(u_\alpha) \right|}{2\, M} \quad (u_\alpha^0 \subset \mathfrak{C}_0)$

wie aus der Stetigkeit der Funktionen vom Typ $x_i = \hat{x}_i(u_\alpha) + \varepsilon\, \zeta_i^*(u_\alpha)$ mit $|D_1\, \zeta_i^*| < M$ folgt. Ist insbesondere mit der nachfolgend auf S. 67 gegebenen Abschätzung von ε_0 die Bedingung $\varepsilon_0 > \hat{\varepsilon}$ unvereinbar, so entfallen in einer gewissen Umgebung des Knickes Vergleichsflächen von dem unter b) und c) behandelten Typ. (Vgl. hierzu auch die Fußnote von S. 63!)

Abbildung der Punkte von $\mathfrak{B} + \overline{\mathfrak{B}}$ durch das folgende Gleichungssystem definieren

$$(107) \qquad \hat{x}_i(v_\alpha) + \varepsilon\, \zeta_i^*(v_\alpha) = \hat{x}(u_\alpha) + \varrho^*\, \hat{\alpha}_i(u_\alpha, c_0) \qquad i = 1, 2, 3$$

wobei (v_α) das umkehrbar eindeutige Bild von (u_α) ist.

Fassen wir nämlich in (107) v_1, v_2 und ϱ^* als Unbekannte auf, so ist das Gleichungssystem für $\varepsilon = 0$ durch $\varrho^* = 0$, $u_\alpha = v_\alpha$ erfüllt, und außerdem ist die „Auflösungsdeterminante"

$$\Delta(\varepsilon)_{\varepsilon=0} = \begin{vmatrix} \hat{x}_{1u_1}, & \hat{x}_{1u_2}, & -\hat{\alpha}_1 \\ \hat{x}_{2u_1}, & \hat{x}_{2u_2}, & -\hat{\alpha}_2 \\ \hat{x}_{3u_1}, & \hat{x}_{3u_2}, & -\hat{\alpha}_3 \end{vmatrix}$$

wegen $\hat{\alpha}_i(c_0)\, p_i \neq 0$ (vgl. (100')!) ungleich Null für alle Punkte (u_α) von $\mathfrak{B} + \overline{\mathfrak{B}}$. Wir werden darüber hinaus aber zeigen, daß man stets ein $\varepsilon' > 0$ finden kann, das für alle

$$\varepsilon^* > \varepsilon' > |\varepsilon| > 0 \quad \Delta(\varepsilon) \neq 0$$

gewährleistet. Nach (100') kann man zunächst wegen

$$\hat{\alpha}_i(u_\alpha, c_0)\, p_i(u_\alpha) \neq 0 \text{ in } \mathfrak{B} + \overline{\mathfrak{B}}$$

für diesen Bereich (unter Beachtung von $p_i\, p_i \neq 0$!) stets eine Konstante $\beta < \gamma^2/9\, B^2$ [1]) ermitteln, so daß für

$$\sum_{i=1}^{3} (\hat{x}_i(v_\alpha) - \hat{x}_i(u_\alpha))^2 < \beta\,,$$

bei beliebigen Punkten (u_α) und (v_α) aus $\mathfrak{B} + \overline{\mathfrak{B}}$,

$$|\hat{\alpha}_i(u_\alpha, c_0)\, p_i(v_\alpha)| \neq 0\,,$$

sagen wir $> \gamma$, ist. Nach (107) erhalten wir dann durch Faltung mit $p_i(v_\alpha)$ die Abschätzung

$$|\varrho^*| < \frac{\beta}{\gamma} + \frac{3\,|\varepsilon|\,MB}{\gamma} < \frac{3\,B}{\gamma}(\beta + |\varepsilon|\,M)\,.$$

---

1) Dabei sei $B = \max\limits_{\mathfrak{B}+\overline{\mathfrak{B}}} [p_1, p_2, p_3, 1]$

Setzen wir schließlich

$$(108)\qquad 0 < \tilde{\varepsilon} < \frac{\sqrt{\beta} - \frac{3B}{\gamma}\beta}{M\left(\frac{3B}{\gamma} + 4\right)},$$

so erkennen wir unmittelbar nach (107), daß für alle $\tilde{\varepsilon} > |\varepsilon| > 0$ die Abschätzung gilt

$$\sum_{i=1}^{3}(\hat{x}_i(v_\alpha) - \hat{x}_i(u_\alpha))^2 \leqq \varepsilon^2 \sum_{i=1}^{3} \zeta_i^{*2}(v_\alpha) + 2|\varepsilon| \sum_{i=1}^{3} |\zeta_1^*(v_\alpha)\,\varrho^* \hat{\mathfrak{x}}_i(u_\alpha, c_0)| + \varrho^{*2} < (|\varrho^*| + 4|\varepsilon| M)^2 < \beta .$$

Wegen

$$(108')\qquad \Delta(\varepsilon) = \varepsilon^2 \left|\frac{\partial \zeta_i^*}{\partial v_1}, \frac{\partial \zeta_i^*}{\partial v_2}, -\hat{\mathfrak{x}}_i\right| + \varepsilon \left|\frac{\partial \hat{x}_i}{\partial v_1}, \frac{\partial \zeta_i^*}{\partial v_2}, -\hat{\mathfrak{x}}_i\right| + \varepsilon \left|\frac{\partial \zeta_i^*}{\partial v_1}, \frac{\partial \hat{x}_i}{\partial v_2}, -\hat{\mathfrak{x}}_i\right| - \hat{\mathfrak{x}}_i(u_\alpha, c_0)\, p_i(v_\alpha)$$

und $|\varepsilon| < \tilde{\varepsilon}$ gibt es dann sicher ein $\varepsilon' < \tilde{\varepsilon} < \varepsilon^*$, so daß für alle $|\varepsilon| < \varepsilon' |\Delta(\varepsilon)| > \gamma/2$ ist. Damit ist der Beweis der obigen Behauptung erbracht. — Insbesondere ersehen wir aus (108) und (108'), daß die Konstante ε' völlig unabhängig von der speziellen Eigenart der Vergleichsflächen ist, d. h. nur von den Konstanten M, B und β abhängt.

Die Auflösung von (107) liefert dann für $|\varepsilon| < \varepsilon'$ die Funktionen $v_\alpha = v_\alpha(u_\beta, \varepsilon)$, $\varrho^* = \varrho^*(u_\beta, \varepsilon)$, die in allen Punkten (u_α) von $\mathfrak{B} + \overline{\mathfrak{B}}$ stetig sind und in allen inneren Punkten von $\mathfrak{B}$ bzw. $\overline{\mathfrak{B}}$ zweite Ableitungen besitzen, die einer H-Bedingung genügen; bezüglich ε sind die Funktionen $v_\alpha(u_\beta, \varepsilon)$ und $\varrho^*(u_\beta, \varepsilon)$ stetig differenzierbar. Aus den obigen Betrachtungen ersieht man unmittelbar, daß man schließlich noch ein $\varepsilon_0 \leqq \min(\eta, \varepsilon')$ angeben kann, so daß für alle $|\varepsilon| < \varepsilon_0 \left|\frac{\partial \varrho^*}{\partial \varepsilon}\right|$, $\left|D_1 \frac{\partial \varrho^*}{\partial \varepsilon} \hat{\mathfrak{x}}_i\right| < M$ ist. Infolgedessen gilt bei beliebigem aber festem $\varepsilon < \varepsilon_0$ nach (107)

$$(109)\qquad \hat{x}_i(v_\alpha(u_\beta, \varepsilon)) + \varepsilon\, \zeta_i^*(v_\alpha(u_\beta, \varepsilon)) \equiv \hat{x}_i(u_\alpha) + \varepsilon\, \hat{\zeta}_i(u_\alpha)$$

mit

$$\hat{\zeta}_i(u_\alpha) = \frac{\partial \varrho^*}{\partial \varepsilon}(u_\alpha, \Theta\, \varepsilon)\, \hat{\alpha}_i(u_\alpha, c_0)\,, \quad 0 < \Theta < 1\,.$$

Diese durch (109) dargestellte Vergleichsfläche ist aber für $|\varepsilon| < \varepsilon_0$ in der Menge der Vergleichsflächen zu a) enthalten und kann folglich zu dem Integral (2) nur einen größeren Wert liefern als das entsprechende zu $\hat{E}$.

c) Wir zeigen nunmehr an letzter Stelle, daß $\hat{E}$ sogar ein schwaches Minimum gegenüber allen stückweise glatten, hinreichend benachbarten Vergleichsflächen liefert. Der Beweis dieser Aussage ergibt sich unmittelbar nach der von Lichtenstein in [31] S. 134 formulierten „Erweiterung des Weierstrassschen Approximationssatzes". Hiernach kann man jede in $\mathfrak{B} + \overline{\mathfrak{B}}$ stückweise stetig differenzierbare Funktion $W(u_\alpha)$ die auf $\mathfrak{S}_0$ verschwindet, durch eine Folge von, in $\mathfrak{B} + \overline{\mathfrak{B}}$ regulär-analytischen, Funktionen $W_m(u_\alpha)$, die auf $\mathfrak{S}_0$ verschwinden, gleichmäßig approximieren, so daß gilt:[1])

1. In $\mathfrak{B} + \overline{\mathfrak{B}}$ gleichmäßig $\lim\limits_{m \to \infty} W_m = W$.
2. In jedem Bereich von $\mathfrak{B} + \overline{\mathfrak{B}}$, zu dem $W(u_\alpha)$ stetig differenzierbar ist, gilt gleichmäßig $\lim\limits_{m \to \infty} \frac{\partial W_m}{\partial u_\alpha} = \frac{\partial W}{\partial u_\alpha}$.
3. Die Funktionen $\frac{\partial W_m}{\partial u_\alpha}$ sind in $\mathfrak{B} + \overline{\mathfrak{B}}$ gleichmäßig beschränkt.

Dieser Approximationssatz gilt freilich auch dann noch, wenn W und W_m auf $\mathfrak{S}_0$ statt den Wert Null irgend eine andere analytische Mannigfaltigkeit von Randwerten annehmen. Ist nun durch

$$(110) \qquad x_i = \hat{x}_i(u_\alpha) + \varepsilon\, \mathfrak{x}_i\,(u_\alpha) \quad \text{mit} \quad |\mathfrak{x}_i|,\ |D\, \mathfrak{x}_i| < M \quad \text{für } 0 < |\varepsilon| < \frac{\varepsilon_0}{2}$$

1) Bei Lichtenstein wird allerdings von durchweg stetig differenzierbaren Funktionen $W(u_\alpha)$ ausgegangen; der dort angegebene Beweis läßt jedoch unmittelbar die Erweiterung auf stückweise stetig differenzierbare Funktionen erkennen.

eine beliebige stückweise glatte Vergleichsfläche zu $\hat{E}$ gegeben, so kann man auf die Funktionen $\hat{x}_i(u_\alpha) + \varepsilon\,\mathfrak{x}_i(u_\alpha)$ für $i = 1, 2, 3$ einzeln den obigen Approximationssatz anwenden und erhält somit die drei entsprechenden Funktionenfolgen $W^i_m(u_\alpha, \varepsilon)$ $(m = 1, 2, \ldots; i = 1, 2, 3)$. Für diese kann man nach (110) und dem Approximationssatz stets eine Zahl m^* finden, so daß zu allen $m > m^*$ in ganz $\mathfrak{B} + \overline{\mathfrak{B}}$ die Abschätzungen gelten $|W^i_m(u_\alpha, \varepsilon) - \hat{x}_i(u_\alpha)| < 2\,\varepsilon\,M$ und

$$|D_1(W^i_m(u_\alpha, \varepsilon) - \hat{x}_i(u_\alpha))| < 2\,\varepsilon\,M\,.$$

Also ist für diese $m > m^*$ und $0 < |\varepsilon| < \frac{\varepsilon_0}{2}$ durch die Funktionen

$$x_i = W^i_m(u_\alpha, \varepsilon) \equiv \hat{x}_i(u_\alpha) + 2\,\varepsilon\,\zeta_i(u_\alpha) \quad \text{mit} \quad \zeta_i(u_\alpha) = (W^i_m - \hat{x}_i)\cdot\frac{1}{2\,\varepsilon}$$

bei festem ε eine Schar von Vergleichsflächen gegeben, die sich dem Falle b) unterordnen und folglich zu dem Integral (2) nur einen größeren Wert als $\hat{E}$ liefern; das gleiche trifft dann aber auch für die Vergleichsfläche von (110) zu, weil

$$\lim_{m\to\infty} \int\limits_{\mathfrak{B}+\overline{\mathfrak{B}}} \Phi\left(W^i_m, W^i_{m\,u_\alpha}\right) du_1\,du_2 = \int\limits_{\mathfrak{B}+\overline{\mathfrak{B}}} \Phi\left(\hat{x}_i + \varepsilon\,\mathfrak{x}_i, \hat{x}_{i u_\alpha} + \varepsilon\,\mathfrak{x}_{i\,u_\alpha}\right) du_1\,du_2$$

ist.

Damit ist (104) vollständig bewiesen.

Abschließend seien noch einige Bemerkungen zur Bedingung (99) für den Fall $n = 3$ hinzugefügt. — Zunächst scheinen die Voraussetzungen an $\mathfrak{C}$ hierbei sehr unnatürlich zu sein. Geht man bei allgemeineren Untersuchungen jedoch von vornherein von einer stetig gekrümmten Randkurve $\mathfrak{R}$ aus, so kann die geknickte Extremale, sofern wir — wie in der vorliegenden Arbeit — die Forderung erheben, daß $\hat{E}$ durchweg aus positiv regulären Flächenelementen besteht und von dem Fall absehen, daß die

Knickkurve auf $\hat{E}$ mit $\mathfrak{R}$ eine Spitze bildet, nur einen Knick besitzen, der in sich geschlossen ist. Die letztere Aussage folgt unmittelbar aus der Tatsache, daß auf $\hat{E}$ – abgesehen von dem obigen Ausnahmefall – ein Knick niemals einen Endpunkt haben kann, andernfalls ergäbe sich ein Widerspruch zur positiven Regularität (diese leicht zu verifizierende Aussage wurde im zweiten Teil meiner Arbeit „Untersuchungen über geknickte Extremalen bei regulären Variationsproblemen“ bewiesen). Wir sehen daraus, daß unsere Voraussetzung (99) doch durchaus „sachgemäß“ ist.

Es braucht wohl daneben kaum erwähnt zu werden, daß die vorliegenden Untersuchungen mühelos auch auf den Fall erweitert werden können, wo $\hat{E}$ mehrere, sagen wir l in sich geschlossene Knickkurven $\mathfrak{C}_{l'}$ besitzt, so daß $\hat{E}$ in $l+1$ regulär-analytische Flächenstücke, die längs der Knicke $\mathfrak{C}_{l'}$ zusammengeheftet sind, zerfällt ($l' = 1, \ldots, l$).

Sehr beachtenswert ist weiterhin die Tatsache, daß die Betrachtungen von § 2 bis § 6 bei nur geringfügiger Modifizierung auch auf „diskontinuierliche Variationsprobleme“ (im Sinne der Begriffsbildung von Bolza in [7] S. 389) übertragbar sind, denn es wurde in diesen Paragraphen an keiner Stelle von der Knickbedingung (10) Gebrauch gemacht, sondern schlechthin nur vom Verschwinden der ersten Variation $\delta\mathfrak{J}$. Die zweite Variation erhält aber bei „diskontinuierlichen Variationsproblemen“ die gleiche Gestalt wie $\delta^2\mathfrak{J}$ in unserem Falle, infolgedessen sind die sich darauf aufbauenden Untersuchungen auch analog.

LITERATUR

[1] Bertini-Duschek: Einführung in die projektive Geometrie mehrdimensionaler Räume 1924.

[2] Blaschke, W.: Über die Figuratrix in der Variationsrechnung. Archiv d. Math. u. Phys. (3) Bd. 20 (1912) S. 28.

[3] Boerner, H.: Über einige Variationsprobleme. Math. Zeitschr. 35 (1932) S. 161—189.

[4] —: Über die Extremalen und geodätischen Felder in der Variationsrechnung mehrfacher Integrale. Math. Ann. Bd. 112 (1935/36).

[5] —: Über die Legendresche Bedingung und die Feldtheorien in der Variationsrechnung der mehrfachen Integrale. Math. Ztschr. Bd. 46 (1940).

[6] —: Carathéodorys Eingang zur Variationsrechnung. J.-Ber. d. dtsch. Math.-Ver. 56 (31—58).

[7] Bolza, O.: Vorlesungen über Variationsrechnung. Leipzig 1933.

[8] Carathéodory, C.: Über die diskontinuierlichen Lösungen der Variationsrechnung. Diss.: Göttingen 1904.

[9] —: Über die starken Maxima und Minima bei einfachen Integralen. Math. Ann. 62 (1906) S. 449—503.

[10] —: Über die Variationsrechnung bei mehrfachen Integralen. Acta Szeged 4 (1929) S. 193—216.

[11] —: Variationsrechnung. Leipzig 1935.

[12] Courant-Hilbert: Methoden der mathematischen Physik. Berlin, Springer 1931.

[13] Dresden: The second derivatives of the extremalintegral. Transactions of the Americ. Math. Soc. vol. 9 (1908) S. 485.

[14] Giraud, G.: Sur le probléme de Dirichlet généralisé. Annales de l' Ecole Normale 46 (1929) S. 131—245.

[15] —: Equations de type elliptique. Annales de l' Ecole Normale 47 (1930) S. 197.

[16] —: Sur certains problème analogues au problème de la chaleur. Compt. Rend. Acad. Sci. Paris, 189 (1929) S. 352—354.

[17] Graves, L. M.: Discontinous solutions in space problems of the calculus of variations. American Journal of Math. vol. 53, 1930.

[18] —: Discontinous solutions in the calculus of variations. Bulletin of the Amer. Math. Soc. vol. 36.

[19] Gross, W.: Das isoperimetrische Problem bei Doppelintegralen. Monatsh. f. Math. u. Phys. 27 (1916) S. 70—120.

[20] Hilbert, D.: Grundzüge einer allgemeinen Theorie der linearen Integralgleichungen. Gött. Nachr. (1906) S. 439—480.

[21] Hölder, E.: Entwicklungssätze aus der Theorie der zweiten Variation. Acta Math. 70—71 (1938—39).

[22] —: Das Eigenwertkriterium der Variationsrechnung zweifacher Extremalintegrale. Ber. Math.-Tagg. Berlin 1953.

[23] Klötzler, R.: Untersuchungen über geknickte Extremalen bei regulären Variationsproblemen. Wiss. Ztsch. d. Karl-Marx-Univ. Leipzig Heft 1/2 (1954/55).

[24] Kneser A.: Lehrbuch der Variationsrechnung. Braunschweig 1925.

[25] Kobb, G.: Sur les maxima et les minima des intégrales doubles. Acta Math. 16 (1892) S. 65—140.

[26] Koschmieder, L.: Die neuere formale Variationsrechnung. Jahresber. d. dtsch. Math.-Ver. 40 (1932) S. 109—132.

[27] —: Invarianten der Integranden vielfacher Integrale in der Variationsrechnung. Proceedings Royal Acad. Amsterdam 31 (1928) S. 469—484.

[28] Lichtenstein, L.: Zur Variationsrechnung. Gött. Nachr. (1919) S. 161—192.

[29] —: Untersuchungen über zweidimensionale reguläre Variationsprobleme. 1. Abh.: Monatsh. f. Math. u. Phys. 28 (1917).

[30] —: 2. Abh.: Math. Zeitschr. 5 (1919) S. 26—51.

[31] —: Zur Analysis der unendlich vielen Variablen. Math. Zeitschr. 3 (1919) S. 127—160.

[32] —: Randwertaufgaben der Theorie lin. part. Differentialgleichungen 2. Ordnung vom elliptischen Typus. I. Journal f. Math. 142 (1913). II. Journal f. Math. 143 (1913).

[33] —: Über einige Hilfssätze der Potentialtheorie. Math. Ztsch. 23 (1925).

[34] —: Encyklopädie d. math. Wiss. II 3/1, 3/2.

[35] Powell, J. E.: Edge conditions for multiple integrales in the calculus of variations. Diss. 1931: Contributions to the calculus of variations. Chicago 1931/32.

[36] Radon, J.: Über einige Fragen betreffend die Theorie der Maxima und Minima mehrfacher Integrale. Monatsh. Math. u. Phys. 22 (1911) 53—63.

[37] Schauder, J.: Potentialtheoretische Untersuchungen I. Math. Ztsch. 33 (1931).

[38] Schmeidler, W.: Integralgleichungen mit Anwendungen in Physik und Technik. Leipzig 1950.

[39] Schmidt, E.: Bemerkungen zur Potentialtheorie. Math. Abh. S. 365—383 (1914).

[40] Schwank, F.: Randwertprobleme. Leipzig 1951.

[41] Sternberg: Potentialtheorie. Leipzig 1925. Samml. Göschen.

[42] Velte, W.: Zur Variationsrechnung mehrfacher Integrale in Parameterdarstellung. Mitt. aus d. Math. Sem. Gießen 45 (1953).

[43] —: Zur Variationsrechnung mehrfacher Integrale. Math. Zeitschr. 60 (1954) S. 367—383.

BERICHTE ÜBER DIE VERHANDLUNGEN DER SÄCHSISCHEN AKADEMIE DER WISSENSCHAFTEN ZU LEIPZIG

MATHEMATISCH-NATURWISSENSCHAFTLICHE KLASSE

Band 97

Heft 1 Prof. Dr. ERICH STRACK / Beobachtungen über den endogenen Anteil des Kot-Stickstoffs. 24 Seiten — 8° — 1949 — DM 2,50 (vergriffen)

Heft 2 Prof. Dr. ERNST HÖLDER / Über die Variationsprinzipe der Mechanik der Kontinua
13 Seiten — 8° — 1950 — DM 2,75 (vergriffen)

Heft 3 Dr. H. GERSTNER / Dr. H. BAARK / Dr. H. GRAUL / Der Wechselstromwiderstand der Froschhaut
25 Seiten — 8° — 1950 — DM 2,75

Heft 4 Prof. Dr. HERBERT BECKERT / Existenz- und Eindeutigkeitsbeweise für das Differenzenverfahren zur Lösung des Anfangswertproblems, des gemischten Anfangs-Randwert- und des charakteristischen Problems einer hyperbolischen Differentialgleichung zweiter Ordnung mit zwei unabhängigen Variablen
42 Seiten — 8° — 1950 — DM 9,— (vergriffen)

Heft 5 Prof. Dr. HERBERT BECKERT / Über quasilineare hyperbolische Systeme partieller Differentialgleichungen erster Ordnung mit zwei unabhängigen Variablen. Das Anfangswertproblem, die gemischte Anfangs-Randwertaufgabe, das charakteristische Problem
68 Seiten — 8° — 1950 — DM 14,50 (vergriffen)

Heft 6 Prof. Dr.-Ing. ENNO HEIDEBROEK / Das Verhalten von zähen Flüssigkeiten, insbesondere Schmierflüssigkeiten, in engen Spalten
Nachdruck — 40 Seiten — 24 Abbildungen — 8° — 1952 — DM 5,80

Heft 7 Prof. Dr. HANS SCHUBERT / Über eine lineare Integrodifferentialgleichung mit Zusatzkern
52 Seiten — 8° — 1950 — DM 9,25 (vergriffen)

Heft 8 Dipl. phys. HELMAR KRUPP / Bestimmung der allgemeinen Lösung der Schrödinger Gleichung für Coulomb-Potential
28 Seiten — 8° — 1950 — DM 5,50 (vergriffen)

Band 98

Heft 1 Prof. Dr. WALTER SCHNEE / Über magische Quadrate und lineare Gitterpunktprobleme
48 Seiten — 8° — 1951 — DM 4,65 (vergriffen)

Heft 2 Prof. Dr.-Ing. ENNO HEIDEBROEK / Über die Beziehungen zwischen Schmierung und Verschleiß bei geschmierter Gleitreibung
Nachdruck — 36 Seiten — 5 Abbildungen — 8° — 1954 — DM 2,75

Heft 3 Prof. Dr.-Ing. e. h. KARL KEGEL / Der Salzstock Mirowo bei Provadia in Bulgarien
26 Seiten — 9 Abbildungen — 8° — 1951 — DM 3,— (vergriffen)

Heft 4 Prof. Dr. HERBERT BECKERT / Prof. Dr. HANS SALIÉ / Bemerkungen über die Verbiegung hyperbolisch gekrümmter Flächenstücke / Über Abels Verallgemeinerung der binomischen Formel
22 Seiten — 2 Abbildungen — 8° — 1951 — DM 2,25

Heft 5 Prof. Dr. ERICH STRACK / Die Dauerinfusion als Verfahren zur Erforschung des Kohlenhydratstoffwechsels des Tierkörpers
20 Seiten — 8° — 1952 — DM 2,—

Band 99

Heft 1 Prof. Dr. HEINRICH BRANDT / Über das quadratische Reziprozitätsgesetz
18 Seiten — 8° — 1951 — DM 1,70 (vergriffen)

Heft 2 Prof. Dr. GEORG SPACKELER / Der Gebirgsdruck und seine Beherrschung durch den Bergmann
86 Seiten — 12 Abbildungen — 8° — 1951 — DM 1,65 (vergriffen)

Heft 3 Prof. Dr. ERNST DIEPSCHLAG / Die Anwendbarkeit der Regelungstechnik in der Hüttenindustrie
38 Seiten — 12 Abbildungen — 8° — 1952 — DM 3,90

Heft 4 Prof. Dr. ALBERT FROMME / Die Bedeutung der Entwicklungsgeschichte, besonders des Mesenchyms für die Klinik
24 Seiten — 8° — 1952 — DM 1,75 (vergriffen)

Heft 5 Dr. ROBERT BÖKER / Die Entstehung der Sternsphäre Arats
68 Seiten — 4 Abbildungen — 2 Ausschlagtafeln — 2 Tabellen — 8° — 1952 — DM 5,60

Band 100

Heft 1 Prof. Dr. HEINRICH BRANDT / Über Stammfaktoren bei ternären quadratischen Formen
24 Seiten — 8° — 1952 — DM 2,25

Heft 2 Dr. PAUL GÜNTHER / Zur Gültigkeit des Huygens'schen Prinzips bei partiellen Differentialgleichungen vom normalen hyperbolischen Typus
43 Seiten — 8° — 1952 — DM 5,—

Heft 3 Dr. ALFRED MÜLLER / Die Schaubarkeit in der Axonometrie
22 Seiten — 3 Ausschlagtafeln — 8° — 1952 — DM 3,—

Heft 4 Prof. Dr.-Ing. ENNO HEIDEBROEK / Die Beziehungen zwischen Härte, Schmierung und Verschleißfestigkeit
Nachdruck — 40 Seiten — 10 Abbildungen — 8° — 1954 — DM 3,40 (vergriffen)

Heft 5 Prof. Dr. ROBERT SCHRÖDER / Frauenheilkunde in Forschung und Praxis
22 Seiten — 8° — 1952 — DM 1,35

Heft 6 Dr. ROLF REISSIG / Die pandiagonalen Quadrate vierter Ordnung
54 Seiten — 8° — 1952 — DM 5,—

Heft 7 Prof. Dr. MAX ROBITZSCH † / Die Erforschung der Atmosphäre., ihre Methodik und ihre Probleme
30 Seiten — 12 Abbildungen — 4 Kunstdrucktafeln — 8° — 1953 — DM 2,50

Band 101

Heft 1 Prof. Dr. KURT SCHWABE / Periodische Erscheinungen bei der anodischen Auflösung des Zinks
33 Seiten — 14 Abbildungen — 8° — 1954 — DM 3,—

Heft 2 Dr. UDO PIRL / Positive Lösungen einer nichtlinearen Integralgleichung
44 Seiten — 2 Abbildungen — 8° — 1953 — DM 4,—

Heft 3 Dr. JOACHIM FOCKE / Asymptotische Entwicklungen mittels der Methode der stationären Phase
Nachdruck — 48 Seiten — 8° — 1957 — DM 4,80

Heft 4 Prof. Dr. HANS SALIÉ / Zur Verteilung natürlicher Zahlen auf elementfremde Klassen
26 Seiten — 8° — 1954 — DM 2,50

Heft 5 Prof. Dr.-Ing. ENNO HEIDEBROEK / Die Verantwortlichkeit des Ingenieurs
22 Seiten — 8° — 1954 — DM 1,—

Heft 6 Prof. Dr. HANS SCHUBERT / Dr. ERICH SCHINCKE / Zur Ermittlung von Unterschallströmungen mit der Transformationsmethode bei quadratischer Approximation der Adiabate
32 Seiten — 6 Abbildungen — 2 Tabellen — 8° — 1955 — DM 2,30

Heft 7 Dr. HELMUT SCHAEFER / Neue Existenzsätze in der Theorie nichtlinearer Integralgleichungen
40 Seiten — 8° — 1955 — DM 2,40

Band 102

Heft 1 Dr. PAUL GÜNTHER / Über einige spezielle Probleme aus der Theorie der linearen partiellen Differentialgleichungen zweiter Ordnung
50 Seiten — 8° — 1957 — DM 4,60

Heft 2 Prof. Dr. HANS SCHUBERT / Dr. ERICH SCHINCKE / Zum Konturproblem der Hodographenmethode im Unterschall
26 Seiten — 8° — 1957 — DM 2,20

Heft 3 Prof. Dr. FRANZ RUNGE / Über die Polymerisation ungesättigter organischer Verbindungen
14 Seiten — 1 Tabelle — 8° — 1957 — DM 1,—

Heft 4 Dr. VICTOR VALCOVICI / Une extension des liaisons non holonomes et des principes variationnels *In Vorbereitung*

Bestellungen durch eine Buchhandlung erbeten

AKADEMIE-VERLAG · BERLIN W 8

FSC
www.fsc.org
MIX
Papier | Fördert gute Waldnutzung
FSC® C083411

Zeitfracht Medien GmbH
Ferdinand-Jühlke-Straße 7
99095 Erfurt, Deutschland
produktsicherheit@kolibri360.de